数学和数学家的故事

（第1册）

［美］李学数　编著

上海科学技术出版社

图书在版编目(CIP)数据

数学和数学家的故事. 第1册 / (美) 李学数编著.
—上海:上海科学技术出版社,2015.1(2022.6重印)
ISBN 978-7-5478-2320-0

Ⅰ.①数… Ⅱ.①李… Ⅲ.①数学—普及读物 Ⅳ.
①01-49

中国版本图书馆CIP数据核字(2014)第155117号

策　　划:包惠芳　田廷彦
责任编辑:田廷彦　张　帆
封面设计:赵　军

数学和数学家的故事(第1册)
[美]李学数　编著

上海世纪出版(集团)有限公司
上 海 科 学 技 术 出 版 社 出版、发行
(上海市闵行区号景路159弄A座9F-10F)
邮政编码201101　www.sstp.cn
上海盛通时代印刷有限公司印刷
开本700×1000 1/16　印张14
字数:160千字
2015年1月第1版　2022年6月第14次印刷
ISBN 978-7-5478-2320-0/O·38
定价:35.00元

序

李信明教授，笔名李学数，是一位数学家。他主攻图论，论文迭出，成绩斐然。同时，又以撰写华文数学家的故事而著称。

我结识信明先生，还是上世纪 80 年代的事。那时我和新加坡的李秉彝先生过往甚密。有一天他对我说："我有一个亲戚也是学数学的，也和你一样关注当代的数学家和数学故事。"于是我就和信明先生通信起来。我的书架上很快就有了香港广角镜出版社的《数学和数学家的故事》。1991 年，我在加州大学伯克利的美国数学研究所访问，和他任教的圣何塞大学相距不远。我们曾相约在斯坦福大学见面，可是机缘不适，未能成功。我们真正握手见面，要到 2008 年的上海交通大学才实现。不过，尽管我们见面不多，却是长年联络、信息不断的文友。

说起信明教授的治学经历，颇有一点传奇色彩。他出生于新加坡，在马来西亚和新加坡两地度过中小学时光，高中进的是中文学校。在留学加拿大获得数学硕士学位后，去法国南巴黎大学从事了 7 年半研究工作。以后又在美国哥伦比亚大学攻取计算机硕士学位，1984年获得史蒂文斯理工大学的数学博士学位。长期在加州的圣何塞州立大学担任电子计算机系教授。这样，他谙熟英文、法文和中文，研究领域横跨数学和计算机科学，先后接受了欧洲大陆传统数学观和美国数学学派的洗礼，因而兼有古典数学和现代数学的观念和视野。

值得一提的是，信明先生在法国期间，曾受业于菲尔兹奖获得者、法国大数学家、数学奇人格罗滕迪克（A. Grothendieck）。众所周知，格罗滕迪克是一个激进的和平主义者，越战期间会在河内的森林里为当地的学者讲授范畴论。1970年，正值研究顶峰时彻底放弃了数学，1983年出人意料地谢绝了瑞典皇家科学院向他颁发的克拉福德（Crafoord）奖和25万美元的奖金。理由是他认为应该把这些钱花在年轻有为的数学家身上。格氏的这些思想和作为，多多少少也影响了信明先生。一个广受欧美数学训练的学者，心甘情愿地成为一名用华文写作数学故事的业余作家，需要一点超然的思想境界。

信明先生的文字，我以为属于"数学散文"一类。我所说的数学散文，是指以数学和数学家故事为背景，饱含人文精神的诸如小品、随笔、感言、论辩等的短篇文字。它有别于数学论文、历史考证、新闻报道和一般的数学科普文字，具有更强的人文性和文学性。事实上，打开信明先生的作品，一阵阵纯朴、真挚的文化气息扑面而来。其中有大量精心挑选的名言名句，展现出作者深邃的人生思考；有许多生动的故事细节，展现出美好的人文情怀；更有数学的科学精神，点亮人们的智慧火炬。这种融数学、文学、哲学于一体的文字形式，我心向往之。尽管"数学散文"目下尚不是一种公认的文体，但我期待在未来会逐渐地流行开来。

每读信明先生以李学数笔名发表的很多文章，常常折服于他的独特视角和中文表达能力。在某种意义上说，他是一位"世界公民”，学贯中西，能客观公正地以国际视野，向华人公众特别是青少年展现当今世界上不断发生着的数学故事。他致力于描绘国际共有的数学文明图景，传播人类理性文明的最高数学智慧。

步入晚年的信明先生，身体不是太好，警报屡传。尤其是视力下降，对写作影响颇大。看到他不断地将修改稿一篇篇地发来，总在为他的过度劳累而担忧。但是，本书的写作承载着一位华人学者的一片赤子之情。工作只会不断向前，已经没有后退的路了。现在，这些著作经过修改以后，简体字本终于要在大陆出版了，对于热爱数学的读者来说，这是一件很值得庆幸的事。

2013年的夏天，上海酷热，最高气温破了40℃的纪录，每天孵空调度日。然而，电子邮箱里依然不断地接到他发来的各种美文，以及阅读他修改后的书稿。每当此时，心境便会平和下来，仿佛感受了一阵凉意。

以上是一些拉杂的感想，因作者之请，写下来权作为序。

张奠宙

于华东师范大学数学系

前言

《伊利亚特》第18章第125行有这样一句话："You shall know the difference now that we are back again."中国新文化运动的老将之一胡适这样翻译："如今我们回来了，你们请看，要换个样子了！"这句话很适合这套书的情况。

这书的许多文章是在20世纪70年代为香港的《广角镜》月刊写的科学普及文章，当时的出发点很简单：数学是许多学生厌恶害怕的学科。这门学科在一般人认为是深不可测。可是它就像德国数学家高斯所说的："数学是科学之后"，是科学技术的基础，一个国家如果要摆脱落后贫穷状态，一定要让科技先进，这就需要有许多人掌握好数学。

而另外一方面，当时我在欧洲生活，由于受的是西方教育，对于中国文化了解不深入、也不多，可以说是"数典忘祖"。当年我对数学史很有兴趣，参加法国巴黎数学史家塔东(Taton)的研讨会，听的是西方数学史的东西，而作为华裔子孙，却对中国古代祖先在数学上曾有辉煌贡献茫然无知，因此设法找李俨、钱宝琮、李约瑟、钱伟长写的有关中国古代数学家贡献的文章和书籍来看。

我想许多人特别是海外的华侨也像我一样，对于自己祖先曾有傲人的文化十分无知，因此是否可以把自己所知的东西，用通俗的文字、较有趣的形式，介绍给一般人，希望他们能知道一些较新的知识。

由于数学一般说非常的抽象和艰深，一般人是不容易了解，因此如果要做这方面的普及工作，会吃力不讨好。希望有人能把数学写得像童话一样好看，让所有的孩子都喜欢数学。

这些文章从1970年一直写到1980年，被汇集成《数学和数学家的故事》八册。其中离不开翟暖晖、陈松龄、李国强诸先生的鼓励和支持，真是不胜感激。首四册的出版年份分别为1978、1979、1980、1984，之后相隔了一段颇长的日子，1995年第五册印行，而第六及第七册都是在1996年出版，而第八册则成书于1999年。30多年来，作品陪伴不少香港青少年的成长。

广角镜出版社的《数学和数学家的故事》

这书在香港、台湾及大陆内地得到许多人的喜爱。新华出版社在 1999 年把第一册到第七册汇集成四册，发行简体字版。

新华出版社的《数学和数学家的故事》

上世纪 70 年代缅甸的一位数学老师看我介绍费马大定理，写一封长信谈论他对该问题的初等解法，很可惜他不知道这问题是不能用初等数学的工具来解决的。

80 年代，我在新加坡参加数学教育会议遇到来自中国黑龙江的一位教授，发现他拥有我的书，而远至内蒙古偏远的草原，数学老师的小图书馆也有我写的书。

90 年代，有一次到香港演讲，进入海关时，一个官员问我来香港做什么，我说："我给香港大学作一个演讲，也与出版社讨论出书计划。"他问我写什么书，我说："像《数学和数学家的故事》，让一般人了解数学。"他竟然说，他在中学时看过我写的书，然后不检查我的行李就让我通过。

一位在香港看过我的书的中学生，20 多年后仍与我保持联络，有一次写信告诉我，他的太太带儿子去图书馆看书，看到我书里提这位读者的一些发现，很骄傲地对儿子讲，这书提到的人就是你的父亲，以及他的数学发现。这位读者希望我能够继续写下去，让他的孩子也可以在阅读我的书后喜欢数学。

前两年，我去马来西亚的马来亚大学演讲，一位念博士的年轻人拿了一本我的书，请我在泛黄的书上签名。他说他在念中学的时候买到这书,我没有想到,这书还有马来西亚的读者。

距今已700多年的英国哲学家罗杰·培根(Roger Bacon,1214—1294)说:"数学是进入科学大门的钥匙,忽略数学,对所有的知识会造成伤害。因为一个对数学无知的人,对于这世界上的科学是不会明白的。"

黄武雄在《老师,我们去哪里》说:"我相信数学教育的最终改进,须将数学当作人类文化的重要分支来看待,数学教育的实施,也因而在使学生深入这支文化的内涵。这是我基本的理论,也是促使我多年来从事数学教育的原始动力。"

本来我是计划写到40集,但后来由于生病,而且因为在美国教书的工作繁重,我没法子分心在科研教学之外写作,因此停笔近20年没有写这方面的文章。

华罗庚先生在来美访问时,曾对我说:"在生活安定之后,学有所成,应该发挥你的特长,多写一些科普的文章,让更多中国人认识数学的重要性,早一点结束科盲的状况。虽然这是吃力不讨好的工作,比写科研论文还难,你还是考虑可以做的事。"

我是答应他的请求,特别是看到他写给我义父的诗:

三十年前归祖国,而今又来访美人,
十年浩劫待恢复,为学借鉴别燕京。
愿化飞絮被天下,岂甘垂貂温吾身,
一息尚存仍需学,寸知片识献人民。

我觉得愧疚,不能实现他的期望。

陈省身老前辈也关怀我的科普工作,曾提供许多早期他本身的历史及他交往的数学家的资料。后来他离开美国回天津定居,并建立了南开数学研究所。他曾写信给我,希望我在一个夏天能到那里安心地继续写《数学和数学家的故事》,可惜我由于健康原因不能成行。不久他就去世，我真后悔没在他仍在世时，能多接近他。

2007 年我在佛罗里达州的波卡·拉顿市(Boca Raton)参加国际图论、组合、计算会议，普林斯顿大学的康威教授听我的演讲，并与姚如雄教授一起共进晚餐，他告诉我们他刚得中风，因为一直觉得自己是 25 岁，现在医生劝告少工作，他担心自己时间不多，可还有许多书没有来得及写。

我在 2012 年年中时两个星期内得了两次小中风，我现在可以体会康威的焦急心理，我想如果照医生的话，在一年之后会中风的机会超过 40%，那么我能工作的时间不多，因此我更应抓紧时间工作。

看到 2010 年《中国青年报》 9 月 29 日的报道：到 2010 年全国公民具备基本科学素质(scientific literacy)的比例是 3.27%，这是中国第八次公民科学素质调查的结果，调查对象是 18 岁到 69 岁的成年公民。

这数字意味着什么呢？每 100 个中国人，仅有 3 个具有基本科学素质，每 1 000 个中国人，仅有 32 个具备基本科学素质，每 10 000 个中国人仅有 320 个，每 100 000 个人仅有 3 200 个。你可估计中国人有多少懂科学？

在 1992 年中国才开始搞公民科学素质调查，当年的结果令人难过，具有基本科学素质的比例是 0.9%，而日本在 1991 年却有 3.27%。经过十年努力，到 2003 年，中国提升到 1.98%，2007 年提升到 2.25%，2010 年达到 3.27%。

我希望更多人能了解数学，了解数学家，知道数学家在科学上扮演的重要角色。我希望能普及这方面的知识，以后能提高我们整个民族的数学水平。在写完第八集《数学和数学家的故事》时我说："希望我有时间和余力能完成第九集到第四十集的计划。"

由于教学过于繁重，身体受损，为了保命，把喜欢做的事耽搁了下来，等到无后顾之忧的时候，眼睛却处于半瞎状态，书写困难，因此把华先生的期许搁了下来，后来两只眼睛动了手术，恢复视觉，就想继续写我想写的东西。

这时候，记忆力却衰退，许多中文字都忘了，而且十多年没有写作，提笔如千斤，“下笔无神”，时常写得不甚满意，而我又是一个完美主义者，常常写到一半，就抛弃重新写，因此写作的工作进展缓慢。由于我把我的藏书大部分都捐献出去，有时候要查数据时却查不到，这时候才觉得没有好记忆力真是事倍功半，等过几天去图书馆查数据，往往忘记了要查些什么东西。

而且糟糕的是眼睛从白内障变成青光眼，白内障手术根治之后，却由于眼压高而成青光眼，医生嘱咐看书写字时间不能太长，免得加速眼盲速度，这也影响了写作的速度。

我现在是抱着“尽力而为”的心态，也不再求完美，尽力写能写的东西，希望做到华罗庚所说的“寸知片识献人民”，把旧文修改补充新资料，再加新篇章。

感谢陈松龄兄数十年关心《数学和数学家的故事》的写作和出版。我衷心感谢上海科学技术出版社包惠芳女士邀请我把《数学和数学家的故事》写下去，如果没有她辛勤地催促和责编的编辑工作，这一系列书不可能再出现在读者眼前。感谢许多好友在写作过程中给予无私的协助：郭世荣、郭宗武、梁崇惠、邵慰慈、邱守榕、陈泽华、温一慧、高鸿滨、黄武雄、洪万生、刘宜春和谢勇男几位教授以及钱永红先生等帮我打字校对及提供宝贵数据，也谢谢张可盈女士的细心检查，尽量减少错别字，提高了全书的质量。

希望这些文章能引起年轻人或下一代对数学的兴趣和喜爱，我这里公开我的邮箱：lixueshu18@sina.com，或 lixueshu18@163.com，欢迎读者反馈他们的意见及提供一些值得参考的资料，让我们为陈省身的遗愿“把中国建设成一个数学大国”做些点滴的贡献。

目录

1 我是李学数

我怎样向不喜欢和害怕数学的人讲故事

我喜欢讲故事，这 40 多年来，我在世界各国对不同的人士讲各种各样的数学和数学家的故事。现在回想起来，我觉得真是奇怪。我生下来就有些口吃，从小到大不爱说话，可以一整天就是闭着“金嘴”——沉默寡言，很难想象这么一个不爱说话的人，长大后竟然会选择从事教育的工作，而又能在不同场合对不喜欢及害怕数学的人讲一些趣味的数学故事。

我不单单喜欢教书，而且喜欢做数学研究，自己从事各种有趣味的问题研究，也影响及指导我的学生朋友一起工作。我甚至也能得到我的太太——一个不搞数学的人和我一起发现一些数学真理，最后写成一篇论文在数学杂志上发表。这也是一件奇怪的事，如果我告诉你，我从小学一直到初中一年级的第一学期，是对数学非常害怕非常恐惧，我认为我非常的笨，不可能学好数学，后来反而成为数学家，你会不会相信？

我不喜欢讲自己，长期以来只有很少人知道我是用“李学数”的笔名写东西，甚至有十多年李学数好像在这世界上消失，可是令我惊奇的是，以前写的东西及讲的故事在许多地方像海峡两岸被翻印转述，到处传播，许多我素不相识的朋友——从事数学教育工作的老师利用我写的材料来提高学生对数学的兴趣，我感到很快乐和欣慰。我想我是很快乐，如果有许多人能因为我的工作而得益、而前进，我觉得死而无憾。

算术真是那么怕人

的确，我小时候是很笨——用我的母语来说，是一个“憨大呆”。同学都能背“九九乘法表”，而且能倒背如流，我却还是不懂为什么“六六三十六”。老师在黑板上写了公式，对我来说就像张天师的符一样，百思不解。

我曾说如果我做梦会梦到读书，往往就是一场噩梦。这梦境多半是和上算术课有关：只见那凶神恶煞的算术教师拿着算术课本，在用念唐诗的姿态吟诵一个问题的解法，那姿态颇像八段锦里的“摇头摆尾去心火”。然后他把书上的内容在黑板上照抄，最后对着书以抑扬顿挫的声调吟诵，嘤嘤嗡嗡的声音，在炎热的教室里，弄得我们都张着嘴巴，流着口水，昏昏沉沉在打瞌睡。

有时他会河东狮吼地叫学生在黑板前做问题：“李信明！今有鸡兔同笼，头数有21，脚数有70，问鸡有多少只？兔有多少只？”

这时我会吓得两只小腿在那里发抖，勉强站在黑板前，可是脑子里什么解题的方法也没有。刚才在昏昏沉沉做白日梦时，我想的是：“鸡兔在一起，难道鸡不会啄兔子吗？祖母养的鸡关进笼子里，我有时切青菜给它们吃，有些鸡还凶狠地啄我的手，小兔子和鸡关在里面，不是要遭殃吗？”

教师不得法，当年恨死算术

刚才我还为兔子担心，现在轮到我遭殃了，我不知道怎么解鸡兔同笼问题，我连教师讲的公式也记不起来。在黑板前呆了几分钟，老师不耐烦，开始骂了：“你们真是蠢，都教不会。伸出手来！”于是，藤条起来，哀号、泪水、鼻涕共一色，最后回到座位，用火辣辣的红肿的手擦眼泪和鼻涕，一面希望这堂课早点结束，或者老师明天病了，不必教书；一面恨死算术。

有许多小朋友往往被打得尿裤子，我自己也是这样的一位。最近遇到一位中医，他说我肾弱，我想这该不是小时候被打的后遗症吧！

以后读高中，读到李清照的词，回想起以前学数学的凄凉情景，感触极深，于是填了这样的歪词：“寻寻觅觅（找解题的方法），冷冷清清（整个教室鸦雀无声），凄凄惨惨戚戚（吃了藤条之后）。半死不活时候，最难学习。三头十脚难题，怎敌他藤条心毒。”

初一第一学期，一位基督徒谭老师教我们华文及算术。她对学生有爱心，把自己的藏书放在教室里供我们借阅，对后进的学生她不打不骂而是鼓励。我是很用功地学数学，可是在期末考试却考得不好，我想我不会及格，在放假之前，我跑去教师宿舍向她借了3本算术书，把小学的算术从头学起，后来自己竟然搞通。第二学期全校数学比赛，我竟然获得第一名，几位不同班级的数学老师改到我的卷子，都称赞我的做法很好，从那时开始，我觉得数学不是怎么难，有了信心之后，其他的功课也学得很好了。

有严重自卑感的人站起来

很可惜,不久之后,这位我所敬爱的谭老师离开了我所居住的侨居地,我很感激她,不只她教我们要热爱中华文化,更重要的是她让我这个对数学恐惧的人不再怕数学,而且有严重自卑感的人站起来了!

对一个健康活泼的人,他们不可能知道残障人士的痛苦,我小时候不大会走路,时常跌倒,我祖母说:"阿明的脚软。"

我在少年时生活的侨居地,有一个时期连《三国演义》《水浒传》《红楼梦》《西游记》等中国古典文学都是禁书。我到处找我能看到的中文书籍,早上很早起来,在晨光熹微的清晨,我把蜷缩的身体尽量靠近灶边的火,并用那火光照亮手中的古书,这些书把我带到遥远、古老的神州大地,我看到先民传说的神话人物——盘古、女娲、夸父、后羿、夏禹。我想象和他们或登昆仑,或临洞庭,或驾皮筏在咆哮的黄河上、或乘驷马奔驰在黄土高原。我感到作为龙族的子孙而骄傲。

以后由于更喜欢数学,我去新加坡的南洋大学念数学系。我毕业后曾短期在一个乡村地区的一个天主教会办的女中当临时教员。

我大半生是在欧美生活。在加拿大留学时,曾帮助一个从波兰来的盲眼数学家生活。在一个冬天发生意外,自己受伤——脑震荡,以后记忆受损,可是我却想象那在冰雪地上滴滴殷红的血,变成了迎春的花,我写了一首长诗,其中一句是:"我血化为艳阳花,欲把春来唤!"

以前记忆力超群,《三国演义》《水浒传》过目能诵,脑受伤后《红岩》只知江姐、许云峰、华子良、小萝卜头狱中斗争一点情节,大部分记不起来。连我喜欢的普希金的诗歌《假如生活欺骗了你》都背不出来。

那时我的心是多么的悲伤，认为自己走到“山穷水尽”的地步。不能再像以前那样能实现我的梦想——做一个好的数学工作者，我觉得自己没法子长成参天大树，只能做一个矮小的灌木，默默生长。

以后我在法国著名数学家格罗滕迪克(Alexander Grothendieck)的安排下，在法国南巴黎大学做研究，有幸结识布尔巴基(Bourbaki)派的几位教授嘉当(H. Cartan)、萨米埃尔(P. Samuel)等，及听过舍瓦莱(C. Chevalley)和塞尔(J. Serre)的课。在法国南巴黎大学从事数学研究七年半，这期间我常到意大利、德国、英国、匈牙利等国家开会学习。

在留法期间，感叹法国的塔东(Taton)教授主持的数学史研讨会只有希腊、埃及、印度而忽略中国数学史，我觉得作为一个华夏儿女对自己祖先的文化成果无知是一件悲哀的事，才开始对中国数学史做点研究，于是自己一面研读巴黎图书馆能找到的数据，一面执笔为香港《广角镜》杂志写《数学和数学家的故事》一系列文章，希望通过通俗故事的形式能对一般人介绍一些数学知识。

我在香港《广角镜》月刊写的一些数学普及文章，后来汇集成《数学和数学家的故事》第一集至第八集。

这书在海峡两岸很受欢迎。新华出版社在1999年1月将第一集至第七集合成四册在中国大陆发行。

我希望更多人能了解数学，了解数学家，知道数学家在科学上扮演的重要角色。我希望能普及这方面的知识，以后能提高我们整个民族的数学水平。在写完第八集《数学和数学家的故事》时我说：“希望我有时间和余力能完成第九集到第四十集的计划。”

有一段时间为“稻粱谋”，时间要放在科研教学上，放弃了写这些文章的意念。很多年来，我停笔不写，主要是听从华罗庚先生的劝告,他说:“人一要生存,二要发展。先把自己的科研做好,然后再从事喜欢的工作。”他还对我说,科普工作是很重要,希望你在无后顾之忧的时候,再为提高中华民族的科学素养尽点绵薄之力。

笔搁十多年不写

人生的道路不是常铺满鲜花,多半是荆棘。行进过程,不都是风和日丽,偶尔也有暴风骤雨。等到无后顾之忧的时候,我的视力微弱,右眼看不见,眼睛处于半瞎状态,不能看我喜欢看的书,书写困难,因此把华先生的期许搁了下来,笔搁着十多年不动,心里很是消沉。而痛风、高血压、很像阿尔茨海默症的颤抖让我感到肉体衰退的痛苦。

不能阅读,这是对研究的一个大障碍,但我后来想到丘吉尔在战时最困难的时候说的话:“要进步需不断求变,要完美则更需不断求变。”要想法改变自己。俄国诗人、小说家普希金说:“读书和学习是在别人思想和知识的帮助下,建立起自己的思想和知识。”不能看别人的工作,就只好做自己的东西。结果坏事变好事,发现自己创造的一些数学理论真是优美,有许多新天地可探索,通向进一步发展的崭新道路,找到新处女地,坏事真的变成好事。

快要退休,两只眼睛动了手术,恢复视觉,再加上工作负担减半,以及勤于体力劳动、散步和练拳,身体一好转就想继续写我想写的东西。这时候却记忆力衰退,许多中文字都忘了,而且十多年没有写作,提笔如千斤,“下笔无神”,时常写得不甚满意,而我又是一个完美主义者,常常写到一半,就抛弃掉重新再写,因此写作的工作进展缓慢,而由于我把我的藏书大部分都捐献给我在中国执教的大学里的同事和朋友,有时候要查数据时却查不到,这时候才觉得没有好记忆力真是事倍功半,等过几天去图书馆查数据,往往忘记了要查些什么东西。

2010 年还有几个月的时间，就要退出工作舞台，退休生活已经越来越近，我在 2 月 18 日写一篇文章《怎样过退休生活》，列下可以做的各种事。

(1) 写自传

美国前总统克林顿退休后写了《我的人生》，把自己的生活，所做的事详尽写出，洋洋洒洒九百页。

法国前总统雅克・希拉克(Jaques Chirac)2009 年 11 月 5 日出自传《每一步都应当有目标》，写他高中毕业后，在一条运煤船上当过为期 3 个月的见习水手，及以后从政的经历。

我的人生平凡，没有什么大风大浪，大部分的时间是生活在一个特定的学术界环境，接触的人也多是年轻的较单纯的学生。一来无钱二来无势，因此不可能像“老虎”克林顿及希拉克一样多姿多彩。要写自己周边生活，乏善可陈，我想九页就可以了。

曾有人劝周恩来总理写自传，他总是笑说没有什么东西好写，如果要写就写自己犯错的事情，以让后人作为殷鉴，不再犯错误。可惜他要日理万机，连睡眠的时间也没有，最后抱病还要工作，他没有时间精力做人们期望他做的事，真是可惜。

我想如果我要写自己，就写自己一生难以忘怀的激情岁月做过的傻事蠢事，希望人们可以学聪明些。

(2) 勤练太极

自己身体并不健康，曾是“工作狂”，由于生活习惯所致，不喜欢剧烈运动。如果退休之后，要常躺卧病床，需要人看护，整天要和药罐子打交道，这种日子就算能活百岁也是没有意义的。常言道“久病床前无孝子”，少给太太和子女添麻烦，积极地活下去。

(3) 读喜欢看的书

小时候不容易看到书籍，梦想有一天能当图书馆员，看遍图书馆的藏书。后来有机会到国外生活，我喜欢去书店逛，去图书馆翻书看,"暗夜长漫读异书",阅读量相当大。后来有机会到不同地方的大学演讲,我一定会去看大学的图书馆有一些什么样的藏书。交的一些朋友,如两位孙教授都是爱书如命、家藏万卷、学富五车的人,看到他们的书真是令人羡慕,心花怒放。

可惜有十年的时间,因眼睛问题,不能阅读太多,心里真是痛苦,那种孤寂的心理没有人能体会。我真希望自己能像电影《雨人》(*Rainman*)那位原型的自闭症患者,能记忆 9 000 本书籍,就算眼睛看不到,脑海能呈现这些著作,随心所欲读自己喜欢的东西。

现在我已清除大量的书籍,但还想留下 20 多本百读不厌的书籍,最后陪我走向人生的终点。

(4) 游山玩水

年轻时我喜欢旅行,我曾经一个人在法国南部的山林不畏艰苦徒步走了九到十小时,一路不见人迹,到了晚上八点半在狗吠声中进入一个小农村,吃完晚餐,筋疲力竭,倒头就睡,竟然不知道被小虫子咬噬,第二天手脚伤痕累累。这种体验对不曾长途跋涉的人是不可想象的。

现在不能随便跑动,但是我还喜欢收集各地的大自然景观的图片及明信片,有时还制作幻灯片放映给老人中心的老人看,带他们作"想象之旅"。

我希望能再回到加勒比海的千里达,在暖风吹拂下,看在珊瑚礁上活动的美丽的鱼,以及海岛上众多不同种类的禽鸟。

我希望能回到法国的普罗旺斯看那被广阔紫色薰衣草覆盖的花海,空气中荡漾着花香,令人心醉,简直就像在天堂。

我希望能在云南东川红色土地上,漫步在一片片开满金黄色油菜花的花田,"春城无处不飞花",在金波荡漾的油菜花里体验农庄生活。

我希望能到新疆和内蒙古,看草原和群羊,能骑马与牧民过"风吹草低见牛羊"的日子。

(5) 做喜欢的数学和数学史研究

我不喜欢喧闹,喜欢安静地生活。我耐得住寂寞,喜欢数学研究,虽然科研很辛苦,长夜孤灯但乐此不疲。

2008 年 11 月 20 日,我在《生与死的沉思录》中这么写道:"我的同事、朋友、亲人不了解我,退休了为什么还废寝忘食地坚持搞科研?科研没有其他过多的报偿,真的是无聊浪费生命。我耐得住寂寞,不与旁人有任何计较,不追逐名利,无欲心自安,在喜欢的领域搞好自己应该做的事情,大家一起合作分享课题研究的那份快乐,很是开心。搞科研需要花费大量的时间和精力,纵使做不到突破,也不紧张和忧伤,心灵永远处于愉悦的状态。我很尊敬歌德(Johann Wolfgang von Goethe, 1749—1832),他写《浮士德》这部巨著前后用了 60 年之久,80 岁时才写完,他的生命像一股欢快的山巅之泉,不知疲倦地奔腾不息。"

近世代数是我的首爱,由于工作环境的局限,我放弃了所挚爱的这方面研究转到图论和组合数学,退休后我会回来做一些近世代数的研究,进入新的领域。我想以后回来写些关于数学史和教育的文章。

在教育战线上耕耘了多年,以前由于工作累负担重,没有时间写自己想写的文章。英国数学家哈代在他的书《一个数学家的自白》(*A Mathematician's Apology*)中写道:"一个专业数学家的惨痛经验是发现自己要写关于数学的文章。"

是的,当你有许多问题可以研究,而苦于时间及精力的不足,要你花时间写给不明白数学的普通人了解的通俗文章是很吃力的事。

可是,当你退休了,不需要再做什么研究,应该是写作一点让更多人了解数学的通俗文章的工作。这是我的想法:走出学术象牙塔,应该到阳光普照的大地,向人们解释为什么数学是一个有用的工具,就像法国数学家拉格朗日所说的:数学就像猪一样,全身是宝。

(6) 研究甲骨文

虽然选择数学和计算机，但我对中国历史有浓厚兴趣。高中时读郭沫若有关甲骨文和商史的论著，对他的才华横溢、屡创新说非常敬佩。他的书籍引起我对中国古代史的兴趣。

甲骨文是 3 000 多年前中国的一种古代文字，成形于中国商代和西周早期，被认为是现代汉字的早期形式，目前发现有大约 15 万片甲骨。10 余万片有字甲骨中，含有 4 000 多不同的文字图形，其中已经识别的约有 2 500 多字，未解读的有三分之一左右。

希望以后能利用现有的甲骨文收藏，做些考证甲骨卜辞及破解一些字的工作。

(7) 写给小孩子看的故事书

儿子从巴黎给我打电话，要我一定去看刚上映的《阿凡达》。他说："这不是卡通片，你会喜欢这电影，里面富有丰富的想象力。"

我是一个在"梦幻岛"(Neverland)还没长大的"小飞侠"，小时候我编造了各种各样的小飞侠探险的故事，可能孩子受我影响，年纪小的时候就想去外面探险。

以前看许多科幻小说以及收集科幻杂志，在离开纽约到加州，我把两箱的科幻杂志拿到霍博肯(Hoboken)的旧书店送给书店老板。从他的书架换了两本 Springer-Verlag 的《华罗庚选集》以及《许宝騄选集》，书店老板觉得我是傻子。

我想退休之后写一些给孩子看的科幻探险故事，搞不好会像写《爱丽丝漫游记》的数学家，人们忘记了他的数学工作，而只记着他那荒诞不经的儿童故事。

(8) 看电影令我快乐

我认识的两位数学家吴文俊教授和关博文，都是爱看电影的人。

其实我爱看电影也不输给他们。小时候外祖父拥有一间影院。战后放映了许多香港和大陆的电影：《王老五》《文天祥》《夜半歌声》《火烧红莲寺》《武训传》等。

由于影院还要放映给印度居民看，我也看了许多印度的电影，像《流浪者》。曾经一天看两场不全的印度电影片。

当地最多的是英美电影，如《人猿泰山》《超人》《火箭侠》、卓别林的喜剧。最近看一部法国人拍的《再见，孩子》，反映法国上世纪40年代一个教会办的学校，神父为了保护被纳粹追捕的犹太孩子最后牺牲的故事。电影里面有孩子们看卓别林的喜剧，我突然间兴奋起来，因为我小时候在马来亚也看过。

我在马来亚上初一的时候，第一学期有一位曾在中国电影界拍戏的演员姚萍来我校教音乐。后来因为人事纠纷，他不教音乐在旅馆当算命先生靠算命为生。有些同学上课听他讲他拍过很多戏，认识白光、周璇、李丽华等名演员，还以为他是吹嘘。事实上我看过他拍的电影，而且还记得他早年拍摄的模仿洋人《人猿泰山》的电影中穿着探险家的衣服像个洋人的样子。

在法国我常常去巴黎的电影博物馆看一些反映俄国以及革命的电影像《战舰波特金号》。我也看到了最早的黑白影片《白毛女》及反映民国初期天灾人祸的中国新闻片。最让我印象深刻的是法国人拍摄的《拿破仑传》、左拉的《萌芽》、雨果的《悲惨世界》以及罗曼·罗兰的《约翰·克利斯朵夫》连续剧。

到了纽约，我常跑去百老汇的电影院看一些反映音乐家传记的老电影。看过了有关肖邦、贝多芬、李斯特、舒伯特和舒曼夫妇传记的电影。

在写论文时我是一心二用，一边看电视里的老电影一边做研究。

有十年的时间由于眼力衰退不能看电影，现在我想退休后能把这失去的乐趣找回，继续观看我喜欢的电影。

(9) 学习唱歌

除了小学六年级以及初一有学习唱歌及参加合唱团以外，我以后就没有再学习唱歌。我上小学那会儿,音乐课老师非常凶,常打学不会新歌不懂五线谱的学生,我也是那类学生。我不喜欢上音乐课,我喜欢听歌,但是不会背歌。

最近回新加坡见表兄,他劝我参加合唱团学唱歌。在一个学生的怂恿之下我就去他太太的合唱团,被列为低音,可惜唱了几次唱得荒腔走板,我就知难而退了。

看来我不是唱歌的料,中气不足,五音不全。真羡慕那些歌喉好得像阿宝、腾格尔、才旦卓玛的人。

但是我想的只是“自娱”,又不是“娱人”,还是把歌学好唱好,当做气功来练。

两次小中风

2012年5月30日中午12点30分吃饭时,突然我的右手整个麻痹,手上拿的饭匙掉下来。于是我想法挥挥手臂,并用左手按摩,这个过程用了20到25分钟,然后用左手拿饭匙继续吃完饭。

我以为这是小事,不知是肢体瘫痪。我感到好像喝醉酒,意识有些模糊,于是把早上没有吃的降压药和阿司匹林吃了,就上床睡觉。

睡醒后觉得正常,没有想到这是“小中风”。第三天10点半到了医院急诊室挂号。先作心电图检验,医生说心电波图像规律,看来我的心脏没有问题,接下来做脑的扫描检查。

做完核磁共振扫描,等待了一个小时,医生过来对我说:“恭喜你,你没有脑溢血,你的脑没有受什么大损害,不要太担心。”

但是我还要再做另一个CT检查,这时要注射碘,看从颈部到脑的血管有没有阻塞,或者颈内动脉狭隘。医生检查后对我说:“你的血管还好没有阻塞,你不需要动手术,等下你可回去。但是你要小心，你是真的中风，所以我安排你下星期去做康复治疗，并且去看眼科医生，因为你的视力是有损伤，我早上检查你时，你看不出我的手指在动。”

医生打印了一张4页的报告，里面写道：“你患中风，即血液在一段时间不能通畅流入脑中，使得一些脑细胞受损，这使得你身体一部分受脑控制的器官受影响，不能好好操作。”

“但是脑是神奇器官，另外一部分会取代受损的部分运作，你现在已经是这状况。”

“你的医生会告诉你怎样防止第二次中风。高血压、高血脂及糖尿病是中风的高风险因素。如果你有这些情形，和医生讨论怎样控制。”

“另外的风险因素是体重超重、抽烟和不做运动。”

“平日要动，但要逐渐，不要太激烈，如果疲倦就要做短暂休息，逐渐增加走路的步数，一天比一天增加长度，不要开车，直到医生允许才开。”

“不要乱吃草药，除非医生允许。”

“若有不适，要马上进急诊室。没有人送你，请打911。”

美国布朗大学阿尔伯特医学院临床神经科学系主任唐纳德·伊斯顿教授指出，一项历时5年的评估发现，在发生小中风后的3个月内，有10%～15%的人会发生中风，且半数在48小时内发生。中国人常说“大难不死必有后福”，我是不希望有什么“后福”，我只是通过这次的身体警讯，学习到了“中风”的常识，人稍微变得聪明点。

中国人又常说“病于无知，死于无知”。医生警告我不要把小中风不当一回事，他给我一本小册子《中风家庭运动方法》，里面有18种运动，他要我尽量根据这些运动招式去做，多做就会身体早康复。太极拳、散步都不要放弃，家务事要动手的也可以多做，常动手动脚，身体就会早点复健。他会建议主治医生安排心脏和脑

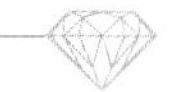

科医生再给我检查。

谁知不到一个月第二次小中风又来了。

我的期望

我在少年时写了第一首旧体诗《咏盘古》:“蜩蚷纷扰蛇鼠窜,暗夜长漫志未寒。抡起双斧劈混沌,迎得朝阳照万方。”现在鬓发斑白仍志未寒,希望能做到华罗庚先生写的那样:

一息尚存仍需学,
寸知片识献人民。

感谢上海科学技术出版社的包惠芳女士邀我继续写《数学和数学家的故事》。以前我的雄心壮志是把《数学和数学家的故事》一集一集写到40集,现在已经没法子也没力气写这么多,我想能写到20集就好了,我曾是个完美主义者,文章写好之后,不太满意,束之高阁一放,就可以放十年以上。为了不让完美主义的毛病拖延写作的工作,我想最多修改三次就送出。

写于高斯诞辰日

2 “正义老人”保罗·伯德

——一位影响我的黑人教授

有一位黑人长者在我的人生过程中曾给我很大的影响，他是保罗·伯德(Paul Francis Byrd, 1918—1991)教授。

保罗·伯德教授年轻照

他在1991年3月26日因癌症去世，享年74岁。他是圣何塞州立大学数学和计算机系的老教授，我1984年来圣何塞时，他刚好是67岁，他是数学和计算机系第一个黑人教授。

一般黑人都是比较高大，可是他却矮小，但精力充沛，是属于短小精悍类型的人物。

喜欢授课的伯德

他生在密苏里州的堪萨斯城，父母共有16个孩子，他排行第六位。

他获得硕士学位后参军，成为军队里的气象家。在那个时代，黑人很少能受大学教育，他在军队中拥有硕士学位，也可以说是稀有少见的人物。

二次大战后伯德到了德国，他对数学有兴趣，特别是数值计算以及特殊函数，在欧洲他收集了许多关于特殊函数的公式，后来在助手弗里德曼(Morris D. Friedman)协助下，1954年由德国Springer-Verlag出版《给工程师和科学家的椭圆积分手册》(*Handbook of Elliptic Integrals for Engineers and Scientists*)。

回到美国之后，他就到美国航空航天局(NASA)作为应用数学家工作。

后来他由于喜欢教书到圣何塞州立大学兼课，这是加利福尼亚州最古老的大学。再到后来他从Ames研究室退休，正式成为圣何塞州立大学的助理教授。他太喜欢教书，许多教授夏天不授课，可他是唯一30年夏天都在授课的教授，所以人们可以常常看到他在大学里活动。

由于是军人出身，他对学生的纪律要求严格。上课时规定：一是他讲课时，学生不许讲话；二是他上课时，学生不可以睡觉。

结果有一次一个学生向他抗议，第一个规定可以遵守，但是第二个规定不合理，因为“夏日炎炎正好眠”，是他的讲课让学生睡觉。保罗伯伯并没有发怒，而是风趣地说：“好！忘记第二个规定，当我讲话时你们不要讲话。”

他是一名很好的老师，和学生打成一片。曾有一位年轻的越南籍讲师请教他怎样教书才好。他回答："教书是照顾学生，你必须全心全意地教育他们，要把爱和知识带进课堂里。"

他很喜欢解题，什么微积分的难题他都能解决，有人问他怎么能解那么多难题，他说："爱好！做你喜欢做的事，创造力就会产生。"

保罗·伯德教授

戈德斯通(Don Goldston)教授是搞解析数论的，有一次读塞尔伯格(Selberg)及乔姆利(Chomle)的论文，发现他们用一个积分而他却不知道从哪里得出这个结果。询问伯德伯伯，几天之后，伯德写了3张草稿推出4种计算的方法，热切告诉他怎样推广这类型的积分。

照顾年轻教授

伯德没有取得任何博士学位，当圣何塞州立大学讨论他的终身教职及晋级时，一些行政人员想要对他升为副教授给予阻拦，几年来都以他没有博士学位不能升副教授为借口，几年后他发现一个方法可以摆脱这困境：《大学法》里有这样"博士学位或等价的资历"的说法，他就在申请的档案列下什么是等价的资历，其中之一就是他撰写著名的书广为人们采用和应用。

大学特别组织了一个委员会研究这是否属实，结果发现有超过400多篇论文参考该书，而他那本书有超过10种不同国籍的30多个书评。他的确是"货真价实"有真才实学的人，最后总算让他升为副教授。

他也负责大学的“为社会负责任的教授”组织(Faculty for Social Responsibility),一有不公正、腐败,这组织就像“刺猬”投射刺针,暴露行政当局的黑暗和不法,让当局坐立不安,他被一些人视为“洪水猛兽”的人物,很多年不让他升级想使他自动离职,谁知他就是不走。

他很照顾年轻的教授,我的好友戈德斯通教授(后来以他在数论的工作扬名世界)曾说:“我在1983年来这里教书,伯德伯伯当年是大学的RTP(延聘升级和终身教职评审会)代表,他给我一个忠告,你开始教书,要教好但不要教太好。”

“因为在你的档案里以后会显示你教学有进步。可是如果一开始就太好,人们会认为你没有什么进展,对你的升级是不利的。这真是似非而是的忠告。这就是大学的升级游戏规则。后来我在这些委员里,发现果然是在玩这样的游戏。”

他作为政府的高级科学家来圣何塞州立大学教书,是第一个黑人进入全白人种的教书圈子里,在一些种族主义者看来是非常不顺眼的事。

伯德住在波洛阿尔图市(Polo Alto),这个城市现在有许多华裔及印度裔居民,市长这几年也是华人担任。但在50多年前那是白人占绝大部分的小城镇,那里黑人不可能买到房子,可是一位建筑商埃赫勒(Eirhler)把他建的非常有名的房子卖给了伯德,伯德是第一个黑人搬进这纯白人的城镇,打破没有黑人居民的纪录。

而且从上世纪50年代开始他成为倡导有色人种权益全国协会(National Association for the Avocations of Colored People, NAACP)在波洛阿尔图市支部的负责人,争取种族的平等。

数学系和计算机系有个传统:每年的圣诞节前都会为系秘书们立一棵圣诞树,上面挂了一些给她们的礼物,表示对她们一年来辛勤工作的感激。这是伯德伯伯首创。

数学系以前没有给学生奖学金,是伯德伯伯首创设立,他从

Ames 研究室搞了一些钱作基金给学业优异的学生，他去世后数学系以他的名字“伯德奖学金”纪念他。

伯德的儿子和义工每年卖书，将所得给伯德奖学金

保罗·伯德有点像《五朵金花》里的好管闲事的老叔。我上课时，有时看到他驻足在我的课堂外观看旁听。

他喜欢和学生及讲师走“快棋”，有时就在办公室和学生摆棋子厮杀。我是对任何棋赛不感兴趣，因为我不想在上面花费时间，有时间我就做研究，我从来没有看过他赛棋，因此不知道他棋艺怎么样。

他 60 多岁时走路“疾如风”，我由于在加拿大读研究生时在校外住，冬天晚上回去要走 20 多分钟的路，人们说在外面零下 40 度 15 分钟会冻死，因此我连走带跑，长期训练走路很快。我的夫人曾骂我，走路太快好像要把她抛弃掉。我发现保罗·伯德伯伯与我走时常能跟得上。

1989 年他脚开始无力，需要用拐杖协助走路。那年 10 月 17 日下午我在系里演讲，5 点讲完我问听众有什么问题，话一讲完 5 点 04 分 7.1 级的地震发生了，地动山摇，五楼在摇晃，建筑物旁的大树像稻草人摆动哗哗作响，听众纷纷夺门而逃。

保罗在理学院大楼教书，忘记了他的脚痛和拐杖，与惊慌的学生一起跑出建筑物到空旷地。事情发生之后,有一小段时间他不再用拐杖走路。

对我的忠告

有一些教授获得了升级或正式终身教职后就变得疏懒,不再进修也不做任何研究。我看到伯德教授仍旧抱着"赤子之心",对数学很有兴趣,他常自己研究数学杂志中提出的问题,或者同事问他的一些问题。

由于他是搞分析的,"道不同,不相为谋"。我没有问过及向他请教过任何数学问题,但是他对我的劝告,改变了我的下半生。

我研究生毕业了要么从事教书,要么就到工业界工作。工业界收入比教书高许多,可是我最怕穿得西装笔挺、绑领带过日子,看到大学里的教授穿着随便,我想我应该去大学当教授。

看到加利福尼亚的圣何塞州立大学要聘请计算机教授,我就把我的履历送上去,并附上几篇发表的论文。系主任米切姆(John Mitchem)是搞图论的,安排我来这里演讲,并让我在他家过夜。演讲很成功,系里决定聘请我(据说当时有40多人竞争此职位)。

我一来就是副教授,并且属于"难聘请教授"(hard to hire professor),薪水比一些同事还高,然而是我去工业界薪水的三分之一。

我的祖师爷是哥伦比亚大学的加拉格尔(P. Gallagher)教授,他认为我的性格喜欢自由和研究,在学术圈里工作会快乐,虽然薪水少些但很快会调整,而该大学是加利福尼亚最早的大学,声名显赫,可以去。在他的鼓励之下,我就从纽约搬迁到加利福尼亚定居。

来到这里我是第一个在数学和计算机系的华裔计算机教授,我不止带领硕士学生也训练一些大学部的学生做研究,带他们去斯坦福大学、伯克利大学听演讲，找资料。学生和我发表过许多论文，并且我曾获优秀教学奖。

加拉格尔教授

很短时间，我发表的论文数比一些在系里取得终身教职的教授20多年发表的论文还要多。俗语说“树大招风”，有人开始眼红，心里不舒适。

系里换了新的系主任，由于他数学搞不好，十多年没有研究没发表论文，这几年兼教计算机课，他想靠做系主任从事行政工作提升自己。由于没有受过严格正规的计算机训练，他上的课许多学生不喜欢听，结果门可罗雀，看到我开的课全爆满，心里不是滋味。

几年后我要评审升级终身教职时，他极力反对，而且对新的院长提供一些“黑函”说我不会教书，开系务会议时打瞌睡不认真，以及偏袒华裔学生，让院长终止我的聘请。以前的老院长（是来自数学系）每年对我评价甚高，换了化学系的教授当院长竟然说我不会教书该解聘！

我感到这个环境对我不友善，不是我该留的地方，由于从小受到佛教的“不争”的教导，而且我性格是不喜欢与人争辩，不想浪费时间为这些不实的事答辩。（开系务会议时打瞌睡是当时得感冒，吃医生开的两个药方，昏昏沉沉，那时由太太开车接送，我不能驾车。偏袒华裔学生的事件是当年一位印度女学生期末考考不好，成绩由A变成B^{+}，她要求我把她成绩改成A，说什么她在印度大学成绩都是A，我不答应。她威胁向系主任告我偏袒华裔学生，全部给他们A。系主任要她写信投诉，然后偷偷放进我的档案里，没有让我知道有这封信，我无从辩解。）

接下来要由校长决定去留了。

我就想转到密西西比的大学去教书，我心想去黑人大学教黑人，培养他们比我留在这里有意义多了。有一所密西西比的大学希望我能去那里，每学期我只要教两门课，条件是要带动他们的教授做研究，比在圣何塞州立大学教四门课轻松得多。

如果你读过马克·吐温的《汤姆索亚历险记》，你会熟悉密西西比河——这条在密西西比州的大河。你可知道这里黑人人口数目比白人还多，因为那是白人把非洲的黑人俘虏贩卖为黑奴，他们是农庄的奴隶，在棉花田工作，在田里像牛马一样耕种。

上世纪50年代黑人可以有投票权，可是在这里的黑人登记投票会有杀身之祸。黑人抗议示威游行，白人就把他们逮进监狱，他们想用这些方法吓阻黑人争取他们的基本权利。

而在密西西比的黑人牧师为争取黑人的权利会在家里被白人暴徒闯进门，用机关枪扫射而死。黑人举行游行，举美国国旗示威，国旗被白人军警没收，而一些人还被用枪棒打倒在地。

1963年，肯尼迪总统宣布黑人应该有他们的权利，不然这些被歧视的黑人会引起一场革命和暴动。肯尼迪要求取消对黑人不合理的歧视。后来在杰克逊市(Jackson)黑人可以进入白人学校读书，毕业时黑人学生拿文凭，但没有人为他们高兴鼓掌，不是为他们有文化知识而高兴。

20年过去了，这里仍存在种族歧视的观念。

我天真地以为我可以到那里帮助黑人学习，我不会遭受种族歧视。

这时伯德教授找我谈话："你不要离开这里，我知道你是一名优秀的教师，而且你对研究的喜欢与热忱带动许多人做研究，你真是我们的财富。你要站起来像美国人一样在不公正前抗争，不可以做(传统)中国人。"

"你以为跑到密西西比就没有事了？那里大学大部分是白人

控制，种族主义和歧视比加利福尼亚还要厉害。你在那里如果太照顾黑人学生，你会被白人教员妒忌和痛恨，你那时更孤立。留在这里，在不公正前站立和战斗，不能像传统的中国人那样逆来顺受不敢抗拒。你不能走。”

一个 70 岁的老人叫我站起来抗争，对我的震撼很大。他要我去找教职员协会询问怎么争取我的权利，直接告诉他们我的 case（案例）是一个不公正、受歧视的案例。由于我过了申办的时间，不能为自己辩护。在聆听我的申诉和提供的文件数据后，教职员协会的教授要我通知以前的学生向学校的校长、院长及系主任写声援我的抗议书，让学生代我讲话。

结果在校长做决定的一个星期前，有上百名学生写信（有些越南裔学生是几个人合写信）向学校抗议对我的不实指责——不负责任的教授。我后来看到其中的 88 封信放进我的档案里。

校长决定让我再教一年，一年之后再决定我的去留。最后是我能留下来并且取得了终身教职以及升级成正教授。

校长还让系主任对我不公正的伤害向我道歉。

事过境迁，对伤害我的人我不怀怨恨，对像伯德伯伯那样帮助我、鼓励我的人我终生不忘。我告诫自己，对年轻人要在这个社会生存，需像伯德伯伯那样给予鼓励及指导，不能“事不关己”，袖手旁观。

伯德爱抽烟斗，得了喉癌。他去世了，遗嘱是嘱咐家人把遗体火化，然后把骨灰撒到大海里，不要墓地，真是与众不同。

我在系里印刷的纪念文集里写了这样的感言：“中国人有一句老话说：人死了，有重于泰山，有轻如羽毛，伯德伯伯在我的心目中是重于泰山。他热爱教学、关心学生是我事业的榜样。”

其实我还有一些话没有写。我感谢一位 70 岁的老人教导我在面对不公正时要站立抗争。这就是我为什么后来会积极参与学校的评审教授委员会工作，以及“平权行动委员会”（Affirmative

Action Committee)，并且在成为系的“研究生委员会”主任后把一些对有色人种学生不利的制度条文取消掉。

PS. 感谢系秘书安娜（De Anna）女士、韦丁顿（Donald Weddington）教授及伯德教授的儿子布鲁斯·伯德（Bruce Byrd）提供保罗·伯德教授的照片。

写于 2010.6.4—2010.7.26

2011.5.2 修改

3 获诺贝尔文学奖的数学家——罗素

19世纪当以蒸汽机的发明和进化论的创立而引以为荣，然而更为令人瞩目的是19世纪纯数学的蓬勃发展而为这个时代赢得了更为崇高的荣誉。——罗素

现代数学最主要的成就是真正揭示了数学的整个面貌及其实质所在。——罗素

数学是我们信仰永恒与严格的真理的主要根源，也是信仰有一个超感的可知的世界的主要根源。几何学讨论严格的圆，但是没有一个可感觉的对象是严格的圆形的，无论我们多么小心谨慎地使用圆规，总会有某些不完备和不规则的。这就提示了一种观点，即一切严格的推理只能应用于同可感觉的对象相对立的理想对象，很自然的可以再进一步论证说，思想要比感官更高贵，而思想的对象要比感官直觉的对象更真实。

——罗素

许多人宁愿死，也不愿思考，事实上他们也确实至死都没有思考过。——罗素

伯特兰·罗素(Bertrand Arthur William Russell, 1872—1970)是英国著名数理逻辑家,也是20世纪一位重要的哲学家,著名的左翼知识分子。他从23岁起开始写作,不间断工作75年,共写出100多本书和成千篇短文。孔子说"仁者寿",他可以说是20世纪的一位仁者,热爱人类,为世界和平的工作而孜孜不倦地努力。

他说:"生命应该像花朵那么温柔可爱,像峰峦那么稳定而清晰,像苍天那么高深而不可测,生命是可以这样的!"

他在1950年获得诺贝尔文学奖,许多人不知道他曾是数学家,而且他在近世数理逻辑的研究上有过重要的贡献。

他在1951年80岁时对自己一生的回顾说:"一个人活到80岁,已有足够的理由说他活在这个世界上大部分的工作已做完了,那些剩余的已无关紧要。"

"从我童年开始,我为追求两个目标而努力,这两个目标多年来远远地分开着,但近年已结合为一个。这两个目标是:追求那些仍在未知世界里但可因探讨而了解的事物;为创造更幸福的世界必须做的最大的努力。"

他在34岁前从事数理逻辑的研究,并且做出卓越的贡献,以后为了反对第一次世界大战,开始写反战的小册子。

他预言德国会出现军事极权,结果准确而令人惊叹。

他预言日本会侵略中国及与美国交战,最后被美国打败。20年后,第二次世界大战的发生证实了他的话。他指出当时日本往军国主义发展,是"日本人采集了西方的缺失,并保留自己的缺失"。穷兵黩武会给他们带来灾祸。

1920年罗素去美国旅行演讲,有机会深入观察美国社会,在1922年他预言:"美国将会开始其帝国主义的生涯——不是领土方面的侵略,而是经济上的征服。"他对美国听众说:"美国不是被华盛顿政府所控制,控制你们的是油田和摩根(Morgan,

1837—1913，是当年的财政家），美国是遍布全球的金融帝国，要是由眼光狭窄和残忍无情的人所控制的话，人类将面对一个可怕的恶魔。”

在1928年出版的《怀疑论集》中，他写道：“世界可能会有一段长的时间，在美国和苏联之间形成两大对立的集团。前者将控制西欧及美国本土，而后者将控制整个亚洲。”

这些话后来都证明是正确的。

中外的数学家没有几个能像他这样独具慧眼，对于事物的发展预测得这么准确。

罗素是一个怎样的人？一个先知？

他的一生是多姿多彩的，我们这里粗略地介绍他。

贵族出身

1872年5月18日罗素生于英国的蒙茅思郡（Monmouthshire）的雷文斯克罗夫特（Ravenscroft），生下之后的第三天，他就抬起头，以生气勃勃的样子观看四周的事物。

他的母亲记载：“婴儿重8磅（约3.6千克），长2英尺（约0.6米），很肥很丑，很像他的哥哥弗兰克（Frank），大家都说他的两只蓝色的眼睛离得太远，下巴较短。现在我的母乳还多，不过要是稍微迟一点喂他，他就会马上生气，大哭大叫，手舞足蹈，直到吃到乳为止……他也很有力气，而医生奥德兰德说：他具有寻常孩子们所没有的强壮肌肉。”

是的，奥德兰德医生说：“这孩子身体很好，接生30年来我从未见过这么大而胖的婴儿。”

在他2岁时，妈妈和6岁的姐姐患白喉而去世。快到4岁时，他的爸爸患重病而去世，年仅33岁。

他和哥哥就由祖父祖母负责养大。祖父以前是英国的首相，罗素见到他时已是83岁的老人，常坐在摇椅上。他喜欢小孩，仁慈、快乐，可是不大忍受孩子的喧闹。两年之后就去世了。

主要影响罗素和哥哥的是祖母。祖母出身苏格兰长老教会家庭，可是在70岁时变成唯一神教派的信徒，而且支持爱尔兰地方自治法案，反对英国帝国主义战争。

祖母常常对他们兄弟俩讲祖父为选举改革方案的奋斗史以及他们家族的一个英雄威廉·罗素爵士反抗理查德二世的故事，因此小罗素从小就有这样的观念：罗素一族有为公众服务的责任，为了人民服务，有时候反抗是合理的。

罗素在他的自述里描绘童年时的生活："当时除了政治之外，整个家庭气氛是一种清教徒的虔诚心情，非常虔敬和严肃。"

"我们那时，每天8点钟都有家庭祈祷。在家庭祈祷以前，我已经坐在钢琴前面做过半小时的练习。这是我所埋怨的一件事，虽然家里有8个仆人，但是饮食却像斯巴达式(Spartan)的简单，而且即使这样，我还吃不到呢！因为小孩子被认为不适宜吃美好的食物。例如，那时有米粉布丁和苹果饼，成年人才能吃苹果饼，我只能吃米粉布丁。我们小孩一年到头须洗冷水浴。"

小时候的罗素

"……在这种环境之下，我变成一个孤独、害羞和一本正经的年轻人，我似乎从未体验过童年交友的乐趣。"

他性格孤僻，哥哥弗兰克曾在一篇文章里描绘自己的弟弟："他比较服从家规，因此他的确享受了在爱的气氛下家庭教育的全部利益，结果使他成为令人不能忍受的一本正经的人，直到上剑桥大学以后，才慢慢地改变过来。”

他在后来回忆录中说：“像当时其他接受传统清教徒式的教育的人士一样，我也养成了省察自己的罪恶、愚行和缺点的习惯。”

每个星期六晚上，小罗素也会和祖母一起弹琴或唱经诗。他在 80 多岁时说：“就是 80 多年后的今日，我大概可以很自信地说，我会背诵数千首经诗。”

对数学的喜好

罗素在 5 岁时，有人告诉他地球是圆的，他拒绝去相信它。他跑到花园，拿了一把铲子开始掘洞，看是否能从他住的地方一直挖到澳大利亚去。

他最初学九九表时，并不是太顺利，曾因费了很大力气学不会而哭。他学代数也不是一帆风顺，可是后来经过努力，他进步得很快。

不久他就对数学产生兴趣，后来他说：“要不是想多了解数学，我早在年轻时就自杀了。”

有一天他的哥哥说要教他几何，他非常的高兴，因为在这之前他听说几何是用来证明东西的。

他的哥哥弗兰克比他大 7 岁，教他的是“欧几里得”几何，他开始教他定义，小罗素马上充分接受，可是当哥哥教到“公理”时，就有问题产生了。

欧几里得第一条公理说：“二物同时等于第三物，则此二物彼此相等。”

写成符号是：如果 A、B 都有 $A=C, B=C$，则 $A=B$。

哥哥说："这些公理是无法证明的，但是你要证明其他问题以前，这些公理必须被假定是真的。"

在后来他写的自述《为什么我选择了哲学》里，他回忆这时的学习障碍。

"经他这么一说，我的希望整个粉碎了。我曾经想去发现一些能够证明的东西，那是很美妙的一件事，但是现在却必须先借着那些无法证明的假定才能做进一步的证明。"

"我满肚子不高兴地看着哥哥说：'既然它们是无法证明的，那么为什么我必须承认这些东西呢？'他回答说：'好吧！要是你不接受的话，我们就无法再继续学下去。'"

"我想，那其他东西是很值得一学的，因此我同意暂时承认这些公理为真，虽然我仍然充满了怀疑与困惑，我仍一直希望在这个公理的领域内发现不可争论的明白的证明。"

"但我对数学仍然发生了很大的兴趣，事实上比任何其他的研究更能给我一种如鱼得水的感觉。我很喜欢考虑如何把数学应用到物质世界上去，同时我也希望将来有一天会产生像机械的数学一样精确的有关于人类行为的数学。我有这种希望是因为我喜欢论证，而大半时间这种动机甚至胜过我对自由意志的信仰欲望，虽然后者我也时常感到它的力量，但是无论如何我从未完全征服我对数学正确性的基本怀疑。"

小时候的罗素

罗素1890年入剑桥大学三一学院学习数学和哲学，1895年以论文《论几何学基础》获得剑桥大学研究员资格。

可是，当他学习更深的数学后，他面对一些新的困难，他的老师告诉他一些他觉得错误的证明，这些证明后来果然被承认是错误的。当时他并不晓得，后来离开剑桥到德国，才知道德国的数学家已经找到更好的证明。

到了德国，他的眼界大开，才发现过去困扰他的那些难题，实在是微不足道的小事，而且都不是重要的东西。

他说："因为剑桥大学的考试所要求的都是一些解题的技巧，整天死啃这东西后，我开始对数学产生极大的反感，这点鼓舞我向哲学方面发展。为设法获得考试技巧所做的努力，使我想到数学不过是包括了那些玩弄技巧的魔术里的雕虫小技罢了，它和猜字游戏那一类玩意儿太相像了。因此，当我通过了剑桥三年级最后一次数学考试后，我发誓我再也不看数学，并且把所有的数学书都卖光了。"

"在这种心情之下，阅读哲学书籍，我仿佛感觉到由山谷的小天地中解脱出来，看到了多姿多彩的新世界。"

他到德国学黑格尔及康德的哲学，可是在读康德的作品后觉得他在数学哲学方面的立论不仅是无知而且愚昧，他转而去读魏尔斯特拉斯(K. Weierstrass)、戴德金(R. Dedekind)及康托尔(G. Cantor)的理论。

康托尔是集合论的创造者。罗素最初看他的《无穷大数目》时，觉得很难懂，有很长的时间没法子了解，因此他决定把他的书逐字逐句地抄在笔记本上，这样慢慢咀嚼思考，逐步理解。

他最初读康托尔的书时，觉得这理论是谬论，简直是荒唐不经，可是等到把整本书抄完，才发现错误的是他而不是康托尔。

罗素

事实上康托尔的无穷数理论是近

罗素毕业照

世数学的一个重要的理论，可惜他提出时曲高和寡，许多有名的数学家看不起他的工作，使得他受到刺激和人论战，最后病死于精神疗养院。

罗素在23岁时毕业于剑桥大学数学系，成绩优等排第七名，他的研究论文是《论几何学基础》，然后他成为英国驻巴黎大使馆随员，第二年他到德国柏林大学研究，在24岁时被选为剑桥大学三一学院的研究员。

与怀特海老师的合作

怀特海（Alfred North Whitehead，1861—1947）是英国著名的数学和数理逻辑学家、科学哲学家。他在1885年在三一学院毕业，就留在原校任教应用数学和力学，1905年在该学院获得博士学位，是罗素的老师。

1890年，罗素是剑桥大学一年级新生时，去上怀特海的静力学。讲完课后，教授指定全班念教科书上的第35篇，然后他转过头对罗素说："你不必读它，因为你已经了解了。"

因为10个月前罗素在入学资格考试中引用这篇文章，怀特海看过他的考卷，对他的印象很深刻，并且告诉所有剑桥大学最优秀的学生，要注意罗素。因此罗素在到校一个星期就认识了当时剑桥大学的精英。

罗素(1907 年)

怀特海

罗素由学生渐渐地转变为独立作家过程中,得益于怀特海的指导很多。在怀特海 1947 年去世后,罗素写了一篇《怀念怀特海》的文章,在文章结尾处他说:

“作为一个老师,怀特海可以说是十分完美,他能把个人的兴趣整个地贯注于受教者身上,他同时了解学生们的优点与缺点,他能够把学生最好的才智引发出来,他从未犯过一些低劣的教师所常有的毛病,像对学生强制、讥讽及自命不凡等,我深信所有与他接触受他熏陶与鼓舞的优秀年轻学子们,将会像我一样地对他产生一种诚挚而永恒的感情。”

1900 年,罗素钻研符号逻辑,与怀特海合作,用 10 年时间写成三大卷的《数学原理》,对 20 世纪的数学发展产生巨大影响。罗素因发表《数学原理》一书,1908 年获选为英国皇家学会成员,1910 年任剑桥大学讲师。

有贵族气派的疯子

罗素有一个美国学生被视为“神童”,12 岁进入大学,不到 15

岁就获得学士学位,不到19岁就成了博士。

这学生名叫诺伯特·维纳(Nobert Wiener, 1894—1964),他是控制论的开山祖师。他原先在哈佛大学专修数理逻辑及哲学,在大学最后一年申请到了旅行奖学金,他考虑到英国剑桥去。因为那时罗素在剑桥的威望正发展到最高峰,剑桥大学是学习数理逻辑最合适的地方。

诺伯特·维纳在晚年写的自传《昔日神童》(*Ex Prodigy*)中说,罗素的个人特点很突出,除了说他像个疯子以外,再也无法描绘他了。他一直是个杰出的、有贵族气派的疯子。罗素本人的说话总是妙趣横生,维纳认为他确实从这位大师那里得到许多诚挚的教益。

在1913年他上罗素的阅读课,学的是罗素的《数学原理》,那时连他在内只有3个人,学习进度很快。罗素对《数学原理》的讲授清晰畅快,因此学生领会很深。他的一般哲学讲演也都是这类讲演的无与伦比的杰作。

罗素很早了解爱因斯坦工作的重要性,以及看到当时电子理论在未来的重要意义。因此罗素提供给维纳读各种著作来扩充维纳的知识理念,对维纳后来的治学有很大的影响。例如读1905年爱因斯坦的原著,这些重要理论解决了布朗运动的问题,发展了光电学中的量子论。

维纳提到第一次世界大战时说,"罗素似乎是消息灵通人士,凡是一般人所不知道的有关战争的细节,他都有办法知道。可是,在那时候英国政府官员的眼中,罗素是一位非常讨厌的人物。他是一位出自至诚的反战者和坚决的和平主义者。后来当美国参战,他对美国政府使用了极其敌对的语言,以致被捕入狱,最后被剥夺了他在剑桥的教职。"

"罗素先生一方面被列入官方的黑名单,一方面又能从反对他的官方那里得到一般群众所得不到的消息,这种奇妙交织的现象,实在令我赞叹不已。它既说明了英国的稳定性,同时也反映了当时英国统治阶层的牢固地位。”

在 1916 年他 45 岁时,由于反战的活动,被三一学院免除教职,美国哈佛大学却邀请他去讲学,但英国外交部不给他护照。因此他决定留在英国,以公开演说为他的职业,并且准备好“政治的哲学原理”的演讲。可是陆军部却发禁令:只能在英国内地如曼彻斯特作演说,不能在“禁区”——所有英国的沿海城市发表演说。理由是:“罗素的言论无疑已经妨碍了战争的进行……我们已获得了可靠的情报,证明罗素将要发表一连串会严重打击士气的演说。”

但罗素听了后说:“我唯一热诚的希望是我们的情报人员,以后对有关德国人的情报不会像对我个人的这么不正确。”

后来成为英国社会主义国会议员的费纳·布罗克威曾回忆这时期的罗素说:“他是令人愉快的,充满了好开玩笑的精神,正像一个忍不住气的聪明的淘气鬼,在那段时间,他的经济情况相当糟糕,所以来委员会时常会迟到,有一次是因为他没有钱付车费——但这也许是因为他有时候对世俗的琐事很健忘的关系。”

“还有一次,当罗素在赴会途中,碰到一个身世可怜的乞丐,结果他把口袋的钱全部送给那位乞丐,因此他不得不徒步了。”

有时 NCF 害怕政府会禁止他们活动,而另外组织一个地下组织,并且他们有精密的暗码系统来控制。有一次,布罗克威把藏有他们秘密计划的公事皮包遗忘在出租车上,而被司机送到警察局了。当布罗克威把这情况在委员会上报告,罗素便以开玩笑的口语提议:“我们休会后马上到苏格兰场去,以免再麻烦警察大人来抓我们。”结果还好,委员会有一个成员的哥哥是高级警官,通过他把皮包拿回来,没有被警方打开来看。

再有一次,他们听说他们的主要办公室将被警察搜查,于是跑到另外一个临时场所开会,与此同时,听说外面还有 6 个侦探在寻找他们呢。这时罗素很兴奋地说："他们将会来找我们，那么让我们到一位爵士之家接受逮捕吧！"

于是他们分乘三辆出租车到他哥哥的家。罗素开心地想到当警察要进来逮捕时，罗素伯爵不知道要说什么，可惜哥哥不在家，警察也没有来逮捕，令他很失望。

造成第三次数学危机的罗素悖论

对于许多没有学过新数学的读者，我先在这里介绍"集"及"元素"这两个在数学上的基础概念。

集是指具有某种特定性质的抽象或具体的事物的全体，而其中的事物就称为这个集的元素。

比方说"世界三分"：第一世界的国家组成一个集 A，第三世界组成另外一个集 C。

美国、苏联属于第一世界，我们就说美国和苏联是集 A 的元素。印度尼西亚、中国、印度、埃及属于第三世界，我们说集 C 包含元素印度尼西亚、中国、印度、埃及等。

在数学上用下面的括弧表示集及其元素：

第一世界 $A=\{$美国，苏联$\}$

第三世界 $C=\{$中国，印度，埃及，印度尼西亚……$\}$

现在在这 C 集合里我指定要$\{$印度，埃及，印度尼西亚$\}$。这些国家组成集 C 的一部分，我们就说是 C 的子集。美国属于第一世界，我们就写"美国$\in A$"。印度不属于第一世界，我们就写"印度$\notin A$"。

再看例子：$\mathrm{N}=\{1, 2, 3, 4, \cdots\}$是所有正整数的集合，则所有素数的集 $P=\{2, 3, 5, 7, 11, 13, \cdots\}$ 是 N 的子集，我们用符号 $P\subset \mathrm{N}$ 表示 P 被 N 包含。

如果有一个集合 $A=\{$东,南,西,北$\}$含 4 个中国字。$B=\{$东,1,2,3,?$\}$是由数字、符号及文字组成的集合,我们用联合或并的方法可以构造新的集合,即把 A 和 B 的元素拼凑在一起(如果元素在 A、B 同时出现,我们只写一次就够了),这新集用符号 $A\cup B$ 表示(读作 A 联 B,或 A 和 B 的联集或并集)。

这里 $A\cup B=\{$东,1,2,3,?,南,西,北$\}$

另外也可以构造集 A 减集 B 的差集,即由集 A 中且不在 B 中的那些元素全体组成。用符号 $A\backslash B$ 表示差集,因此对于上面的例子我们有:

$$A\backslash B=\{\text{南,西,北}\}$$

那么对于任何集合 A,$A\backslash A$ 是什么东西呢？这是一个“空空如也”的集,{　}里面什么元素也没有,我们用符号$\varnothing$表示这个集合,称它为空集。

数学家约定任何集 A 都以空集$\varnothing$为子集。

集合论的基础主要由康托尔在 19 世纪末建立。1874 年,康托尔创立了集合论,很快渗透到大部分数学分支,成为它们的基础。到 19 世纪末,几乎全部数学都建立在集合论的基础之上了。

任给一个性质,满足该性质的所有元素可以组成一个集合。但这样的企图将导致悖论(paradox),悖论是自相矛盾的命题。由一个被承认是真的命题为前提,设为 P,进行正确的逻辑推理后,得出一个与前提互为矛盾命题的结论非 P;反之,以非 P 为前提,亦可推得 P。那么命题 P 就是一个悖论。即如果承认这个命题成立,就可推出它的否定命题成立;反之,如果承认这个命题的否定命题成立,又可推出这个命题成立。如果承认它是真的,经过一系列正确的推理,却又得出它是假的;如果承认它是假的,经过一系列正确的推理,却又得出它是真的。

罗素在《我的哲学的发展》第七章“数学原理”里说道:“自亚里

士多德以来,无论哪一个学派的逻辑学家,从他们所公认的前提中似乎都可以推出一些矛盾来。这表明有些东西是有毛病的,但是指不出纠正的方法是什么。在1903年的春季,其中一种矛盾的发现把我正在享受的那种逻辑蜜月打断了。”

罗素悖论:设命题函数 $P(x)$ 表示“$x \notin x$”,现假设由性质 P 确定了一个集合 A—— 也就是说“$A = \{x \mid x \notin x\}$”。那么现在的问题是:$A \in A$ 是否成立?首先,若 $A \in A$,则 A 是 A 的元素,那么 A 具有性质 P,由命题函数 P 知 $A \notin A$;其次,若 $A \notin A$,也就是说 A 具有性质 P,而 A 是由所有具有性质 P 的集合组成的,所以 $A \in A$。

罗素提出理发师的故事通俗解释他的悖论:有一个理发师声称:“我只帮所有不自己刮脸的人刮脸。”那么理发师是否给自己刮脸呢?如果他给自己刮的话,但按照他的话,他就不该给自己刮脸(因为他“只”帮不自己刮脸的人刮脸);如果他不刮的话,但按照他的话,他就该给自己刮脸(因为是“所有”不自己刮脸的人,包含了理发师本人),于是矛盾出现了。

罗素悖论是1902年在罗素和德国的著名逻辑学家弗雷格(Gottlob Frege)交流时提及、并于1903年发表的悖论。它展示了弗雷格的素朴集合论(naive set theory)能导出矛盾。弗雷格花了25年的时间写成了《算术的基本法则》,正当第二卷要付印的时候,他收到了罗素的一封信,罗素在信中把这一悖论告诉了他,他立刻发现,自己忙了很久得出的一系列结果却被这条悖论搅得一团糟。他在自己著作的末尾写道:“一个科学家所碰到的最倒霉的事,莫过于是在他的工作即将完成时却发现所干的工作的基础崩溃了。当这部著作只等付印的时候,罗素先生的一封信就使我处于这种境地。”这悖论使得大数学家希尔伯特(D. Hilbert)十分震惊,说它会给数学带来“严重的灾难性后果”,塔斯基(A. Tarski)也称它为现代逻辑面临的“最困难的问题”。19世纪末,集合论与演绎逻辑已成为数学的基础，但接踵而至的罗素悖论却引爆了数学的第三次危机，这个危机的本质在于，素有最严格科学之称的数学，其整个大厦的基础竟然是自相矛盾的。

对教育的看法

罗素 1921 年从中国回来之后，由于他的两个大孩子的出生，他开始对于孩子教育问题发生了很大的兴趣。在教育哲学上，罗素认为教育的基本目的应该是培养“活力、勇气、敏感、智慧”4 种品格，更多地发展个人主义。

在最初的几年，他不大喜欢新式学校，虽然觉得它们某些方面是比旧式学校好，可是他对它们的一些设施不大赞同。他认为它们对于数学不很重视。罗素认为在这复杂的世界中，除非人们在学校得到相当程度的训练，特别是逻辑思维的训练，不然是不能有所作为的。

他觉得获得知识所必需的真正训练是应该强调，可是这种要求在当时的现代学校中无法取得。他想自己创办一所学校，可是由于自己没有行政首长的才能，所以对自己创办的学校也不满意。

他认为，教育有两种截然不同的目的：一方面旨在发展个人，使他们获得有用的知识；另一方面旨在产生公民，这些公民要符合教育他们的国家和教会的需要……对于统治者，轻信是有利的，而对于个人，判断力大概才是有益的。因此，国家从不把培养科学的思维当作目的，只有少数的专家除外，这些人享有优厚的待遇，故而照例是现状的拥护者。

“为爱所支配的知识是教育者所必需的，也是他的学生所应获得的。在低年级，对学生的爱是最重要的爱；到高年级，热爱所传授的知识，就逐渐成为必要。”

"使人生愉快的必要条件是智慧,而智慧可经由教育而获得。"

"我们要提出两条教育的诫律。一条'不要教过多的学科';另一条,'凡是你所教的东西,要教得透彻'。"

在《论教育之目的》中他认为:"教育的目的在于激励建设性的怀疑,对精神冒险的喜爱和通过思想上的进取和大胆来征服世界的感觉。""坚持死板的整齐划一必将成为一场灾难。有些儿童比同龄人更为聪颖,并可从较高深的教育中获得更多的益处。有些教师受过较为优良的训练,或是在天资上比其他人更具备当教师的禀赋,但要求所有的儿童个个都受教于这些为数有限的杰出教师是不可能的。因此生硬地贯彻民主原则,可能导致的结果是无论谁都与这种教育无缘,并使普通教育的水平在不必要地低水平徘徊。所以,不宜以牺牲进步来求得现阶段的机械平等。"

"在我看来,构成理想品格的因素有四:活力、勇气、敏感、智慧;我并不认为只要有这四个要素就足够了。但是,这些素养却可以把我们带上成材之路。而且,我还确信,通过在身体上、感情上、智力上对孩子们加以辅导关照,他们就可以普遍获得上述4种品质。"

在《幸福之路》书里《教育与美好生活》一文中,罗素提出在培养孩子勇气方面,要让孩子独立自主地应付恐惧的环境,或者在大人的引导下学会战胜恐惧。罗素认为"战胜恐惧的经验是令人心醉神迷的,它易于唤起孩子的自豪感,当他因勇气而博得赞许时,将终日喜形于色。"罗素还进一步指出,家长在消除孩子的恐惧方面要做到示范作用,他通过自己孩子的勇气培养经历实证地表现了如何消除恐惧的过程,他提出,要让儿童具有广阔的视野及广泛强烈的兴趣,这样才能防止他在日后生活中对自己时乖运蹇的可能性浮想联翩。

对于儿童的想象力培养,罗素采取了听任其发展的看法。不论儿童有什么样的想象力,或好或坏的,都不能予以压制。"在道德观念无法激起反响且无需用道德观念来约束行为的年龄段，强行灌输道德观念是无益的。”他认为教育是培养本能，而不是压制本能。

在学校课程设置方面，罗素也提出了独特的见解。他将现代学校课程分为三大类，即古典学科、数学和科学以及现代人文学科。同时他还提出中等智商以上的学生应在 14 岁左右开始分专业。此外，他认为教学方法和教学精神比课程更为重要，要让学业充满趣味而不致变得太容易。罗素一直对蒙台梭利的教育模式很是赞同，他认为蒙台梭利的教育模式能有效地调动了孩子的积极性，保持了学习兴趣。

中国人的朋友

1919 年罗素收到三一学院给他复职的通知，他要求学校当局给他一年的休假，他要到中国的北京大学讲学。这时他和第一任夫人离婚，在 1921 年他带要好的女朋友多拉·布莱克(Dora Black，后来成为他的第二任夫人)去中国。

罗素(右)1921 年在中国

1920—1921 年罗素到中国进行了为期 9 个月的讲学。其间，罗素在各地共进行了近 20 场主题演讲，涉及哲学和社会政治多个领域，在中国思想界产生了强烈而深远的影响。1920 年 10 月 12 日，罗素从上海踏上了中国的大地。在上海的欢迎宴会上，中国主人以漂亮的英伦方式致辞，英语流畅娴熟，妙趣横生，令罗素十分吃惊。他感慨：“此前我一直不晓得，一个有教养的中国人是世界上最有教养的人。”到上海的第二天，罗素到中国公学以“社会改造原理”为题发表了讲演，听众多达数百人。罗素对资本主义做了批评，告诫中国不要步欧美的后尘。接下来他被安排去游览西湖，对西湖大加赞赏：“那是一种富有古老文明的美，甚至超过意大利的美。”然后乘船去武汉、长沙，在长江上的旅行心旷神怡，恰与在伏尔加河上旅行的压抑、恐怖成鲜明对比。离开长沙，罗素坐火车抵达北京，在北京大学开始了长达数月的讲学，并广泛接触中国各界人士。罗素终于发现人类文明的希望了。他写道：“中国人似乎是理性的快乐主义者，很懂得如何获取幸福，通过极力培养其艺术感而臻于美妙的幸福，而有别于欧洲人之处在于，他们宁愿享受欢乐，而不去追求权力。各个阶层的人都笑颜常开，即使地位低下的人们也是如此。”

在北京他住在赵元任的遂安伯胡同 2 号的家，赵元任是他的翻译。罗素在北京大学讲授哲学，由从 1918 年哈佛大学哲学系获得博士学位的赵元任来当翻译，赵元任口齿清晰，知识渊博，又能用方言翻译，因而使罗素的演讲获得更好的效果，可以说两人是很好的搭配。

罗素的翻译赵元任

罗素对中国人的风趣幽默印象极深，在回忆录中他讲了两个例子。一个是赵元任爱讲双关俏皮话。有一次罗素给赵看他的一篇文章《现在混乱的原因》（*Causes of the Present Chaos*），赵说：“啊，我想，现在赵氏的来源就是先前的赵氏（the causes of present Chaos are the previous Chaos）。”还有一次两个胖胖的中年商人邀罗素去乡下看一座著名的古塔，等罗素爬上去，发现那两个人没有上来。罗素问他们为何不上来，这两个人严肃地说："这座塔随时可能倒塌，我们觉得，万一它真的倒了，最好有当时在场的目击者能够证明哲学家是怎样死的。"其实是天气太热，他们又胖，懒得爬，所以开个玩笑。

当时的北京在几个月前发生了"外争国权，内惩国贼"的反对巴黎和约的五四爱国运动。而在1918年的5月4日孙中山由于军阀破坏护法运动而向非常国会提出辞职，并向国民沉痛宣告："吾国之大患，莫大于武人之争雄，南与北如一丘之貉。"

罗素来到中国亲眼目睹了军阀的战争，他曾幽默地说："中国军阀之间的战争，大多数都是双方都在想逃，胜利是属于首先发现别人弃械而逃的另一边。"他认为所有的军阀几乎都是野心的土匪，他把希望寄托在孙中山的身上，因为他能无私地为整个中国未来打算，他颇像英国老式的自由主义者，"他的目标是在减少贫穷，但不是引起一场经济革命"。

1921年3月，罗素到保定的育德中学去演讲，当时一般的学校条件都比较差，罗素讲演的大礼堂没有生火，但罗素坚持要脱下大衣讲演。讲演结束后回到北京，罗素便发高热，继而引发肺炎。经过十多天的治疗，病情仍没有好转，在当时，他已经勉强在遗嘱上签了字，将后事委托给布莱克女士。消息传到伦敦，各大报纸都报道了罗素已逝世的消息。罗素甚至听到了自己的死讯，但他幽默地说："告诉他们，我的死讯太过夸大其词了。"又经过一个多月的调养，罗素终于转危为安。

罗素支持铁路与矿产国有化，他认为中国不幸的根源，是在于贫穷和生产力低下，这点只有通过工业化才能解决，空洞的讨论这个主义或那个主义无补于事。他觉得中国必须应用科学的方法去征服贫穷，但不要产生西方工业革命后的种种恶果。

他在给一位友人的信中说："他们不要技术哲学，他们要的是关于社会改造的实际建议。"的确如此。当时的中国各种思潮风起云涌，人们急切地盼望着罗素这样的大学者来为中国开一剂改造社会落后状况的良方。但罗素讲的是相当纯粹的科学、哲学。在当时的中国人看来,这似乎离生存现实太远。

他在北京喜欢购买一些古式的中国家具,他觉得奇怪的是北京的一些中国知识分子老是想要购买那些冒牌的西方家具以及抄袭模仿西方思想。他说:"中国是一个艺术家的国度,我们从他们那里学到的,比他们从我们这里学到的更多。"

而罗素也在公开场合批评英帝国主义给中国带来的苦难。孙中山先生对罗素以中国人的观点去看中国问题很赞赏,这是在华的外国人少见的,他说:"罗素是唯一了解中国的英国人。"罗素在中国最后一场演讲中,明确提出中国该走社会主义道路。罗素来中国演讲,对中国产生了深刻影响。

在进行了为期 9 个月的北京、上海等地讲学,1921 年 7 月罗素离开中国回英国后,写了许多有关中国的文章及演讲,后来在 1922 年出版了《中国的问题》(*The Problem of China*),这部书里面有许多敏锐的先见。

"要判断一个社会的优劣,我们必须不仅考虑这个社会内部有多少善与恶,也要看它在促使别的社会产生善与恶方面起何作用,还要看这个社会享有的善较之于他处的恶而言有多少。如此说来,中国要胜于我们英国。我们的繁盛以及我们努力为自己攫取的大部分东西都是依靠侵略弱国而得来的,而中国的力量不至于加害他国,他们完全是依靠自己的能力来生存的。"

他认为中国文化中最大的缺点是没有科学。他也批评中国人的性格有逆来顺受、被动、随遇而安、乐天知命等几个方面。

罗素在"中国人的性格"一节中说:"古老的中国本土文化与艺术已不像过去那样具有生机,儒教已不再能满足现代中国人的需求了。凡受过欧美教育的中国人都认识到,他们需要外来的新元素来振兴他们的传统文化,因而,他们开始转向西方文明,渴望使中国传统文化得到新的活力。但是,他们并不希望创建一种类似我们的文明。他们希望开拓一条更为理想的文明之路。假如中国人不被煽动,那他们一定会创造出一种更加灿烂的文明。这种新文明将比我们西方人现在所能创造出的任何文明更令人神往。”

罗素在“中国人的文化问题”一节中又说:“我相信,假若中国人能自由地从我们西方吸收他们所需要的东西,抵制西方文明中某些坏因素对他们的影响,那么中国人完全能够从他们自己的文化传统中获得一种有机的发展,并能结出一种把西方文明和中国文明的优点珠联璧合的灿烂成果!”

他指出,日本既学习了西方的缺点,又保留了本民族的缺点,是把无节制的资本主义大工业生产与腐朽的神道迷信、狂热的民族主义相结合的一个怪胎。日本由于人口的压力会迫使它走向军国主义和侵略的行动。而由于扩张主义的政策,将会和美国发生正面冲突,进而演变大战,最后将会被美国击败。这些预言在20年后被证实了。

中国人必须充分重视对日本的研究。因为,日本不仅是中国的祸患,同时,日本作为亚洲黄种人,在许多方面为中国树立了一面镜子,可以看到自己贫弱的原因。因此,如何认识日本与处理好日本的关系,是解决中国问题的关键所在。

罗素在“中国人的性格”一节中写道:“中国只要在改进农业生产技术的同时结合移民和大规模的控制生育,是永远可以消除饥荒的。”他警告西方列强:“所有的列强毫无例外地,他们的利益最后必会与中国的兴盛相冲突……中国人必须以他们自己的力量去寻求解救之道,而不是靠外国列强的仁慈心。”

在1922年,中国还是民国的初期,处于军阀混战的阶段,中国的抗日战争还没有爆发,中国是落后并且在国际事务中无足轻重的,共产主义力量还不够强大。但是,罗素预料到中国可能会发生的抗日战争,预料到中国可能会接受马克思列宁主义。罗素预言:“在未来两个世纪中,整个世界都将会受到中国事务发展的重要影响,中国的发展,不管是好的还是坏的,都可能在国际事务中起到决定性作用。"他在《中国的问题》最后一章里写道:"中国在她的资源与人口优势下,很可能成为继美国之后世界上最大的强国。"

罗素在"中西文明比较"一节中写道:"……中国的学生很能干而且特别勤奋,中、高等教育苦于缺少资金,缺少图书馆,但不缺乏最优秀的人才资源。尽管迄今为止中国文明在科学方面有缺陷,但它从来没有包含任何敌视科学的东西……我敢断言:假若中国人有一个稳定的政府和充裕的资金,那么在未来30年内,他们将会在科学上创造出引人注目的成就,他们很可能会超过我们,因为他们具有勤奋向上的精神,具有民族复兴的热情。"在书出版的90年后,他的预言已经被证明是正确的。

1937年日本侵略中国时,罗素曾与世界各国著名人士联名向全世界发表公开信和宣言,严厉谴责日军的暴行。

80岁写小说

罗素在79岁获得诺贝尔文学奖,诺贝尔委员会解释他获奖的原因:"从他多姿多彩的包罗万象的重要著作里,我们知道他始终是一位人道主义与自由思想的勇猛斗士。"

他精力过人,不喜欢开慢车,常到处演讲奔波,他认为在他生命的晚年,尽可能应用他的精力去完成伟大的事业。他说:"我很希望能够在当我还能工作而且知道其他人将会继续我所不能做的工作时死去,这样我就会满足地想,我已经尽我所能地献身于我所完成的事业。"

他开始从事一项全新的尝试——写小说。他写了一本短篇小说集,想在80岁时出版,可是他希望不用真名,而是以笔名发表。

可是出版商却反对这样的做法,他们不想冒险出一个没有罗

79 岁获得诺贝尔文学奖时和居里夫人在一起

素署名的而名不见经传的人的书，因此对他说如果书上没有罗素的名字，就拒绝出书。罗素也不介意出版商不印刷他的小说，他将他的第一部小说《X 小姐的科西嘉历险记》（*The Corsican Adventures of Miss X*）以无名方式在《围棋》（*Go*）杂志上发表，并悬赏 25 英镑给任何能猜出这作者的读者，结果没有人猜到这是罗素写的。

1953 年他出版了短篇小说集《郊区的撒旦》（*Satan in the Suburbs*），他宣布："我生命中的前 80 年献身于哲学，我预计在未来的 80 年再献身于小说。"第二年又出他的小说选集《有名人物的梦魇》（*Nightmares of Eminent Persons*）。

人们奇怪为什么他能有这么充沛的活力工作。他在《如何过老年人的生活》一文里解释他的一些看法及秘诀。

他说："老年人在心理上必须避免两种危险：其中之一是热衷于过去的一切，例如生活在回忆之中，或追忆过去逝去的好日子，或悲伤那些已经逝去的朋友都是不大适当的，一个人的思想是要指向未来，要经常想到那未完成的工作。"

"但是要做到这一点并不简单，因为一个人的过去是逐渐地在增加其分量，而且他很容易认为过去的他比现在的他更有活生生

《郊区的撒旦》和《有名人物的梦魇》

的感情,更有热忱的心灵……”

“另一件必须避免的事是太缠住年轻的一辈,而想从下一代的活力中获得一点生气。当你的孩子们已经长大之后,他们自然希望过他们自己的生活。要是你们继续像他们年轻时那种对他们过分兴趣与关心的态度对待他们,你很可能会成为他们的一种负担。”

“……有些老年人被死亡的恐惧弄得郁郁寡欢……至少对我个人而言,我认为克服它的最好办法是逐渐地扩大你感兴趣的领域,并且渐渐地达到无我之境,直到我的围墙一片一片被脱落为止,那时你的个体的生活会逐渐地融合于群体的生活。”

“一个人的生活应该像一条河一样——起源是很小,两岸的范围也很窄,然后很快地冲过了圆石,越过了瀑布,渐渐地河床变大了,两岸退却了,一片大水流得更为平静,最后没有任何视觉的断路,直接会合入海洋中,毫无痛苦地消失他们个体的存在。”

“一个老年人要是能以这种生活方式来了解人生的话,他就不必忍受死亡的恐惧,因为他所关心热爱的事物将会继续下去。”

“假如生命的活力已经枯萎,疲倦之感也在与日俱增,那么休息的想法是不会不受欢迎的，我很希望当我仍在工作时，并且知道别人将会继续我已经不能做的工作，而且满足于我过去所完成的工作之际死去，这是我这老年人的最大梦想之一。”

关心人类的未来

罗素是一名和平主义者，1914 年第一次世界大战爆发，他积极宣传反战思想，鼓吹以良心为由拒绝从军，他说：“爱国就是为一些很无聊的理由去杀人或被杀。”几次反战演讲时，他都遭到英国爱国主义民众暴力攻击。剑桥大学要求罗素缴交罚款 110 英镑或自愿解聘。罗素选择了解聘。

1961 年，89 岁高龄的罗素和夫人因参与一个核裁军的游行后被拘禁了 7 天。1961 年 9 月 18 日《伦敦晚报》报道：这两位原本被判入狱两个月，但裁判官因医疗证词将这两个月改判为期一周。

在罗素的《自述》里解释为什么他会对人类的前途问题关心。“……虽然我也常忙于世俗的事情，参加了不少在我一生当中发生的许多大事，但从根本上说，我却经常以为我自己是一个抽象哲学家，我曾设法把数学与科学的精确论证式的方法介绍到传统的模糊思考的领域里。”

“我一向具有追求透彻、精确和鲜明轮廓的热忱，同时我也恨那含糊、暧昧的观念，但是这一点却使很多人认为我没有感情的地方，因为我永远不明白为什么人们说我寡情，我不知是什么原因。”

“但是我的确喜欢透彻和精确的思考，我相信这是对人类很重要的，因为当你能精确地思考到你的偏见、你的固执、你的不自觉的私心时，你便不会做坏事了。”

“当我年轻的时候，很多事情是停留在臆测的阶段，但是现在

89岁高龄的罗素作核裁军演讲(左),夫妻参加游行后被拘禁,获释后合影(右)

已经变成了精确而科学化的东西,对于这一点我很高兴我有一点的贡献,因此我觉得我的哲学工作是值得做的,虽然没有找到作为宗教信仰基础的东西,但也并非全无所获。”

在他82岁时,他写道:“准备随时面对着真实世界而想加以适应,一般人都认为这是一种美德,最坏的是对事实闭起一只眼睛,或不敢面对不受欢迎的一些事实,但是同样不对的是,认为凡是先人所传下来的东西都是对的,更坏的是在意识上屈服于恶,却又自欺地否认那不是恶,当我发现个人的自由在各地逐渐被组织化而减少时,我绝不会因此就伪装承认组织化是一件好事,也许它有某种过渡性的必要,但一个人不应该就为此而默认它是任何令人羡慕的社会之一部分。”

“我今天仍然希望,我年轻时代认为是好的那些事,在今日能获得实现。这些希望,我把它简单地归纳为下列几项:

(1) 我希望我们人类有避免灾祸寻求安全和平的能力,例如能避免威胁人类存亡的核战争。

(2) 希望能消灭全球的贫穷。

(3) 希望透过和平与经济的繁荣,人类的容忍精神与仁慈的感情能普遍地滋长出来。

(4) 在不伤害社会的原则下，使个人有充分发挥其创造力的机会。”

“……因此，世界上每一个国家都应该由人类中最有智慧而善良的人来统治，而不能由那些表面聪明而内心毒辣的人所统治。前者是人类之幸而后者是人类之不幸，幸与不幸取决于人类是否能做明智的抉择。”

早在1923年出版的《原子入门》中，罗素就预言人类有可能制造这种杀伤性极大的炸弹——原子弹。

在1950年，许多人警告由于东西方的冲突日益升级，很可能会再有一场毁灭人类的战争爆发，而罗素却认为这是杞人忧天。

可是当他预言的氢弹被制造出来之后，他的看法就改变了：“如此看来，科学更使我们相信世界漫无目的，毫无意义。置身于这样的世界，从今往后，我们的理想必须寻到安身之处，如果还能寻得到的话。人是原因的产物，不晓得末后的结局；人的出生、成长、希望与惧怕、爱与信念，只不过是原子的偶然排列组合；激情、英雄气概、深邃的思想与强烈的感受都不能留住生命，使之逃离死亡；世世代代的劳苦、所有的热情、所有的灵感、所有辉煌的才华注定要在太阳系茫茫的死亡中消逝，人类成就的殿堂终归要埋在宇宙废墟的瓦砾中。所有这一切，即便不是无可非议，也是真实确凿，任何哲学都无法否认。”

在1954年12月，罗素以《氢弹》为题，作了一篇动人的广播演说：“我以人类中的一分子，向全人类恳求：记住你们的人性而忘掉其他的一切，假如你们能够这样做的话，一个新的天堂将为你们而打开；假如你们不能做到这一点，除了全球性的死亡外，你们什么也得不到。”

在这演讲之后，他觉得他应该登高号召，联合东西方集团的科学家发表联合宣言：氢弹的出现，给人类带来空前的危机。

他把这个想法告诉爱因斯坦，爱因斯坦当时病重，回信支持他,要他起草这宣言:“你熟悉这些组织的工作,你是将军,我是小兵,你只要发命令我随后跟从。”

罗素把宣言草稿寄给普林斯顿的爱因斯坦,然后到罗马参加关于世界政府的会议。在1955年4月18日回英国途中,从无线电接收员知道爱因斯坦当天因腹部主动脉硬化肿瘤破裂而与世长辞。他非常难过,失去了一个好朋友,以及有力的支持。

罗素-爱因斯坦宣言

令他惊讶的是当飞机抵达巴黎,他收到了爱因斯坦在去世前所签的信函,同意在罗素的宣言上签名。这就是著名的《罗素-爱因斯坦宣言》!

“有鉴于未来世界大战核武器肯定会被应用,而这类武器肯定对人类的生存产生威胁,我们敦促世界各政府认识到并公开宣布,它们的目的不能发展成世界大战,因此我们也敦促它们在解决任何争执应该采用和平手段。”

在这宣言上签名的有著名的科学家,如法国的约里奥·居里(Joliot Curie,居里夫人的女婿,法国原子弹之父,钱三强的老师)、波兰的英费尔德(Infeld,曾是爱因斯坦的助理)、日本京都的汤川秀树(Hideki Yukawa)、美国的利诺·鲍林(Linus Pauling,诺贝尔化学奖及和平奖得主)及德国的玻恩(Max Born)。宣言的签字者为11位著名的科学家,其中10人均为诺贝尔奖得主,只有英费尔德例外。他们来自东西方国家,包括左派和右派,宣言没有意识形态的偏见,不偏袒政治对立的任何一方。

《罗素-爱因斯坦宣言》发表后,罗素将其副本分别送给美国、苏联、中国、英国、法国、加拿大六国政府首脑,敦促各国政府放弃战争手段解决争端。

1961年，近90高龄的罗素又因参加抗议英国政府的示威而二次入狱。罗素为了消弭战祸，曾给赫鲁晓夫、艾森豪威尔、肯尼迪、尼赫鲁等数以百计的国家领导人写了成千上万封信，信中罗素认为：建立一个没有核武器、没有战争、永久和平的美好世界，是各国自然科学家、工程技术专家、社会科学家、政治家、军事家、外交家和工业家共同努力的最高目标。用政治解决的办法，消除小国之间爆发局部战争的风险，防止大国介入导致核战争。

1970年2月2日，罗素在威尔士的普拉斯彭林去世。他从23岁开始写作，不断工作75年，共写出170多本书及上千篇的论文。下面列出几本你一生值得阅读的书，他的思想深刻与前瞻性依然值得今人借鉴：

《论几何学基础》(1897年)

《数学原理》(与怀特海合著，1910、1912、1913年)

《哲学论文集》(1910年)

《哲学问题》(1912年)

《社会重建原则》(1916年)

《自由之路》(1918年)

《中国的问题》(1922年)

《工业文明的前景》(与其第二任夫人多拉合著)(1923年)

《科学的未来》(1924年)

《相对论入门》(1925年)

《论儿童教育》(1926年)

《物之分析》(1927年)

《我为什么不是基督徒》(1927年)

《心灵分析》(1927年)

《怀疑论》(1928年)

《婚姻与道德》(1929年，因此书获得1950年诺贝尔文学奖)

《幸福的赢得》(1930 年)

《哲学与现代世界》(1932 年)

《自由与组织》(1934 年)

《宗教与科学》(1935 年)

《权力：一种新的社会分析》(1938 年)

《西方哲学史》(1945 年)

《权威与个人》(1949 年)

《有名人物的梦魇》(1954 年)

《罗素回忆录》(1956 年)

《我的哲学发展》(1959 年)

《人类有将来吗》(1962 年)

4 20世纪数学论文最多的数学家

——纪念保罗·厄多斯

一个数学家必须是在每个星期都有一些新的研究工作才成为数学家。 ——厄多斯

人类的任何活动，不管是好或坏，最后会终止，但数学是例外。 ——厄多斯

数学是永恒的，因为它有无穷多的问题。
——厄多斯

上帝拥有一本包含非常漂亮证明的定理的书。 ——厄多斯

财产是令人讨厌的事物。 ——厄多斯

如果你想找一个问题，一百多年来还没法子解决，那你多数可以找到的是数论问题。
——厄多斯

如果你的结果是新的和正确的，就发表它。
——厄多斯

有三种迹象显示衰老。第一个迹象是，一个人会忘记他的定理。第二个标志是，他忘了把裤子拉链拉上。第三个标志是，他忘了把裤子拉链

拉下来。 ——厄多斯

在天上和地上没有正义,可是在数学上就有,因此尽量做好你的数学。

——厄多斯给南斯拉夫青年数学家伊维克(Aleksandar Ivic)的劝告

有位法国社会主义者说私有财产是窃取之物,而我认为私有财产就是累赘。

——厄多斯

保罗·厄多斯(Paul Erdös)是20世纪写数学论文最多的数学家(其实大概也是中文译名最多的数学家,有厄尔多斯、艾狄胥、安道什、爱尔特希、埃尔德什、爱多士、爱尔迪希等)。他于1913年3月26日在匈牙利的布达佩斯出生,于1996年9月20日心脏衰竭在波兰的华沙去世,享年83岁。2013年3月26日是他诞生100周年纪念,许多数学家怀念他。关于他的许多说法,其中之一是:"如果你不认识保罗·厄多斯,你就不是真正的数学家。"

他出色地证明看似无法解决的优雅的数学问题。他创立了离散数学领域,这是计算机科学的基础,而且是一个最多产的数学家。他撰写了1 525篇文章,有511个合作者。他写的论文涵盖实分析、几何、拓扑学、概率论、复分析、逼近理论、群论、图论、数论与集合论、数理逻辑、格与序代数结构、线性代数、拓扑群、多项式、测度论、单复变函数、差分方程与函数方程、数列、傅里叶分析、泛函分析、一般拓扑和代数拓扑、统计、数值分析、计算机科学、信息论等。《数学评论》

保罗·厄多斯

(*Mathematical Reviews*)曾把数学划分为大约60个分支,厄多斯的论文涉及了其中的40%。

“组合数学”是极艰涩难懂的数学。目前,组合数学或许是数学中发展最快的分支,其中有一些部分要归功于厄多斯的先驱领导。

数学神童

厄多斯出身于一个犹太家庭,他的父母是犹太教师。他出生几天后两个姐姐——一个3岁,另外一个5岁——却因“猩红热”而失去生命,因此他是家中的独子,母亲安娜(Anna)把他当宝贝来哺养,据说他去世的两个姐姐比他还要聪明。

在他一岁半的时候,第一次世界大战爆发,数学家、物理学家的父亲拉约什·厄多斯(Lajos Erdös)被征当兵,不幸被俄国俘虏,送到西伯利亚的集中营囚禁6年。在这段时间,厄多斯和母亲及一个德国奶妈相依为命,因此他与母亲的感情比一般人与母亲的感情还要深厚。在蹒跚学步时,他就研究日历,计算母亲还有多久才能放假回家。母亲在学校教书,他由一名家庭女教师抚养。

厄多斯3岁时就能心算两个三位数的乘积。4岁时就自己发现了负数。在1979年他回忆童年的生活时这样说:“我在很小的时候就懂得计算。在4岁时我告诉母亲,如果你将250从100去掉,你会得到0底下的150。”在这之前,还没有人告诉过他负数的观念。他很高兴地说:“这完全是我自己发现的。”

1920年厄多斯的父亲从俄国释放回来时,厄多斯已经是入学的适龄儿童了,但父亲没有把厄多斯送进学校读书而是留在家里,教他3年。保罗的父亲在西伯利亚长时间囚禁中学了英语,但由于没有英语老师教,不知道如何发音。他教厄多斯学英语,奇怪的

厄多斯童年照

英语口音传给了厄多斯，造成他以后讲英语有些怪怪的口音特点。

后来厄多斯进入中学，当年匈牙利有一种为中学生编写的数学杂志，里面时常有许多求解问题，解答者的名字在下一期会发表，而且他们的答案还会被公布。

厄多斯常常投稿，把解答寄去杂志社，因此他的名字在中学生中广为流传，人人都知道他很会解题，称他为神童。

安德鲁·瓦松尼（Andrew Vázsonyi, 1916—2003)是匈牙利数学家，后来移民美国从事飞机和导弹设计。1930 年，厄多斯第一次见到 14 岁的瓦松尼时才 17 岁，前者对后者说的第一句话是："给我举出一个 4 位数。"

瓦松尼答道："2 532。"

"它的平方是 6 411 024。对不起，我老了，否则我会立即告诉你它的立方。"有点倚老卖老的口气。

厄多斯又问道："你知道毕达哥拉斯定理的多少种证法？"

"1 种。"瓦松尼说。

"我知道 37 种。你知道位于一条直线上的点不能构成可数集合吗？"继而厄多斯给出了一种证明方法，然后他说他必须跑了。

67 年后，瓦松尼仍然清晰地记得当时的情形："当厄多斯说他必须'跑'时，他像只大猴子一样驼着背，侧着身子，摇摆着双臂，沿着街一溜儿小跑，引得行人时时回头观望……当他年纪稍大之后，他的步态不太像猴了，但仍有些奇怪。他老是走得很快，甚至发展到会向一面墙直冲过去，然后突然止步，猛然掉头，再往回跑。有一次他没能止住脚步，一下子撞到墙上，弄伤了自己。”

瓦松尼说：“从我们第一次见面，厄多斯一直不断启发我从事数学。当后来我考虑离开数学，转到技术大学成为一名工程师，厄多斯威胁说：‘如果你进入技术大学的门我会失望，我会打死你。’这解决了这个问题，我留下重新搞数学。”

尽管受到各种反犹太法律的限制，厄多斯还是得以在17岁那年进入布达佩斯的巴兹曼尼·彼得大学(University of Pazmany Peter)学习。他经常与朋友们在公园或广场里讨论数学问题和时事。

他在18岁读大学二年级时证明了著名的定理：对于任何整数$n>1$，我们能在n与$2n$之间找到一个素数。

取$n=2$，我们看2和4之间3是素数。取$n=5$，在5与10之间有7是素数，取$n=10$在10与20之间有11，13，17，19这些素数。

这定理是俄国数学家切比雪夫(P. L. Chebyshev)所证明，本来这是一个猜想叫伯特朗猜想(Bertrand's Postulate)，切比雪夫用深奥的数学工具证明，而厄多斯却用了简易的方法去证明，这使他在大二时获得博士学位。

他证明这个定理的消息很快传到德国，著名的德国犹太籍数学家朗道(Edmond Landau)在讲课时特别解释了厄多斯的证明。

有人特别编造了这样的故事：暴风雨来了，外面电闪雷鸣。小厄多斯非常恐惧，就像所有的母亲那样，妈妈安娜一面抚摸他的头，一面安慰他：“亲爱的，不要怕，我们能在n与$2n$之间找到一个素数。”于是厄多斯甜蜜地睡去。

1934年是他最值得纪念的一年，他不但大学毕业而且获得了博士学位！英国颁发给他奖学金，使他可以到曼彻斯特大学去和数论专家莫德尔(L. Mordell)教授一起研究。到了曼彻斯特，他转而研究极艰涩难懂的组合数学。

善于发现及解题

基本上厄多斯是一个问题解决者,而不是一个理论的建设者。这里介绍他 21 岁时与莫德尔发现的几何定理“厄多斯-莫德尔不等式”。

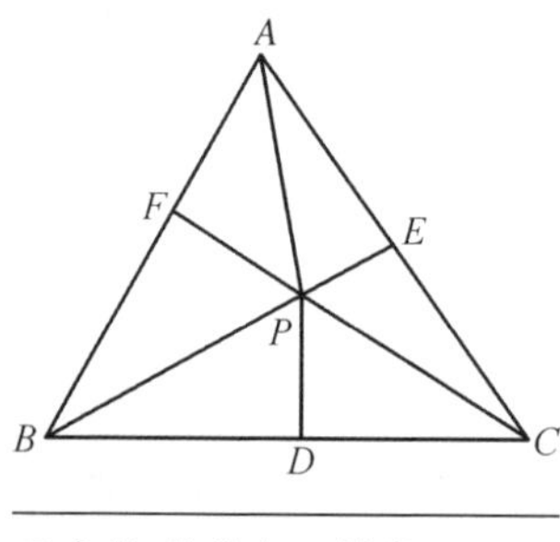

厄多斯-莫德尔不等式

定理内容:设 P 为三角形$\triangle ABC$内部或边上一点,P 到 BC、AC、AB 的距离为 PD、PE、PF,则 $PA+PB+PC \geqslant 2(PD+PE+PF)$。

给定 n 个正数 $a_1, a_2, \cdots, a_n$,它们的算术平均数(arithmetic mean,简称 A. M.)是指它们之和除以 n,而它们的几何平均数(geometric mean,简称 G. M.)则指它们之积的 n 次方根。

对于这两个平均数,我们有以下不等式:$\frac{a_1+a_2+\cdots+a_n}{n} \geqslant \sqrt[n]{a_1a_2\cdots a_n}$(即 A. M. ≥G. M.)。这是高中数学的重要不等式。

这里介绍厄多斯巧妙的证明,他观察到对于任何 $x \geqslant -1$,都有

$$e^x \geqslant 1+x$$

厄多斯令 A_n 是 $a_1, a_2, \cdots, a_n$ 的算术平均数,G_n 是 $a_1, a_2, \cdots, a_n$的几何平均数,以 $x_r=\frac{a_r}{A_n}-1$ 一一代入以上不等式,然后把 n 个不等式乘起来,可以得到

$$1=\prod_{r=1}^{n} e^{\frac{a_r}{A_n}-1} \geqslant \prod_{r=1}^{n} \frac{a_r}{A_n}=\left(\frac{G_n}{A_n}\right)^n$$

从这里得出

$$\frac{a_1+a_2+\cdots+a_n}{n} \geqslant \sqrt[n]{a_1a_2\cdots a_n}$$

数学流浪汉

可以说，厄多斯是数学界的奇人，他拥有匈牙利科学院院士的头衔，但大部分的时间不在匈牙利度过。他没有家，但是“处处无家处处家”。在1973年麻省理工学院为了纪念他60岁生日出版了他的选集《计算的艺术》（*The Art of Counting*），读者可以看到他的各种各样的数学工作，英国著名数学家拉多（Rado）在序中说他是“流浪学者”（wandering scholar）。他时常横跨五大洲。他效忠的是“科学之后”而不是任何特别地方或研究所。他到处和人合作与研究，每到一地，人们不是安置他住在旅馆，就是安排他住在自己家，处处照顾他，他是名副其实的“vagabond”（法语：流浪汉）。

他在旅行的时候只带两个旧皮箱，一个皮箱装一些袜子、衣服和他的兴奋药，另外一个皮箱装他的一些纸张、文稿。他不在乎收入——实际上他一生没有固定在任何大学执教过，因此没有固定的月薪，他只靠人们给他的演讲酬金作为一点生活费用，他不愁吃、不愁穿，连报税、买飞机票的安排都由别人替他做。

厄多斯年轻的时候，朋友们劝他尽快找一份终身职位，他的同胞保罗·哈尔莫斯（Paul Halmos）劝他：“你应该找一份实际的正经工作。”他们说：“保罗，你那走江湖数学家的生涯还要维持多久？”他竟回答：“起码40年。”他甚至拒绝了一些大学的终身职位的邀请。

他一心一意就是做数学研究。恩斯特·斯特劳斯(Ernst Strauss)是爱因斯坦的合作者,称赞厄多斯为"本世纪的欧拉",风格迥异的数学家。斯特劳斯说:"爱因斯坦曾对我说过……对于一个科学家而言,首要任务是解决核心问题,而不为其他问题所动——无论那些问题多难,多么具有诱惑力。厄多斯完全违背了爱因斯坦的这一番话,但他却取得了成功。他几乎痴迷于他所遇到的每一个难题,并成功解决了其中的大部分。"

厄多斯演讲时情景

他的人生目标是"做数学,证明和猜想"。他常说:"我希望在我演讲时,在黑板上完成一个重要的证明之后,有人喊道:'一般情况怎样?'我会面对听众,微笑着说'我把它留给下一代',然后就撒手而去。"

生活"无能"的人

厄多斯的妈妈非常溺爱他,从小就连鞋带也是妈妈替他系,一直到11岁他才第一次自己系鞋带,早餐是妈妈及佣人替他做,连面包上的黄油也是人家替他涂。

他21岁到英国留学,最初住在莫德尔教授的家,莫德尔太太早上替他准备早餐,却发现他不会在面包上涂黄油,要替他在面包上涂黄油,真是受不了。

保罗舅舅后来回忆道:"我到英国去做研究,那是喝茶休息的时候,面前有面包,可是我从来没有涂过黄油,我感到很不好意思,我不知道要如何涂面包。后来我自己试试,这不是太难的一回事。”

他也不会烧开水,连煮鸡蛋这轻而易举的事也不会做,他不会用罐头刀开罐头,有时想吃葡萄柚,也不知道怎样用刀把皮剥掉,需要人代劳。他也不会用洗衣机。

莫德尔教授

因此你认为正常人所知道的知识,他的确是不知道,他可以说是属于“无能”的人,然而他在数学上所拥有的知识却是无人可以匹敌。

一位数学家说:“厄多斯有一种孩子般的天性,要使他的现实取代你的现实。他不是一个容易对付的客人,但我们都希望他在身边——就为他的头脑。我们都把问题攒下来留给他。”

他的某些工作方式是他身边的朋友和同事们难以接受的——比如说他会在凌晨5点钟的时候打电话给他的同事,仅仅是因为他“想起了意欲与这位数学家分享的某个数学结果”;或者是在凌晨1点刚刚结束工作休息,4点半便又跑到厨房去把锅碗瓢盆弄得一阵响,以提醒同伴该起床了。他每天早上6点半起来就开始工作。有一次他住在一个美国教授的家里,他像往常一样6点半起床,然后他走进主人的睡房,说:“喂!我们可以开始工作了。”

厄多斯有两个著名同乡在斯坦福大学数学系教书:波利亚(G. Polya)和舍贵(G. Szego,1895—1985)。有一次,厄多斯到斯坦福大学住在舍贵教授家三个星期还不走。舍贵夫人找瓦松尼埋怨:“保罗三个星期前来我家,他仍不走。我快要发疯了。”

“没问题,”瓦松尼说,“让他滚蛋。”

舍贵夫人眼含泪水说:“不能做到这一点。我们爱他,不能侮辱他。”

瓦松尼说:“不要紧,这么做,他不会被侮辱。”

一个小时后,厄多斯来找瓦松尼,要求载他到一家汽车旅馆,在那里他会留下来。瓦松尼装聋作哑,问他发生什么事了。

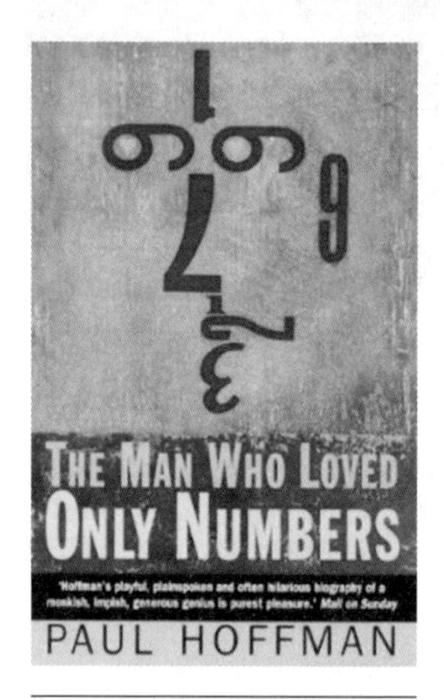

保罗·霍夫曼写的厄多斯传

“哦,舍贵夫人要我搬出去,因为我住得够长了。”他满不在乎地说,完全不受干扰。

厄多斯描述他的每天生活:“Another roof, another proof.”(另一个屋顶,另一个证明。)

1986年,美国科学记者保罗·霍夫曼(Paul Hoffman)第一次见到了数学家厄多斯。在此后的10年间,他一直追随着这位数学家,“一天连续19个小时不睡觉,看着他不断地证明和猜想”,直到厄多斯去世。

独创一些词汇

保罗舅舅独创一些词汇,在数学界广泛传播,例如他叫酒为“毒药”(poison),妻子为“主人”(boss),丈夫为“奴隶”(slave),离婚为“解放”(liberated),小孩儿童为“小不点”(epsilon),孙儿为“小不点的平方”(epsilon squared),斯大林的名字“Joe舅舅”代表苏联,古典音乐为“声音”(noise),不搞数学的人为“平凡人”(trivial being),上帝为“超级法西斯”(Supreme Fascist)——因为他不相信上帝。他对婚姻和配偶有奇怪的看法:一个结合的配偶包含一个“主人”和一个“奴隶”。主人是妻子，奴隶是丈夫。他们结合就意味奴隶被主人逮住了。如果离婚，奴隶就是被解放。如果一个男人还要再结婚，那么他就是要再被逮捕成为奴隶。因此他为了不做“奴隶”，一生不娶，专心搞他喜欢的数学。

他说：“超级法西斯（SF）创造我们就是为了拿我们的痛苦取乐，我们死得愈早，他的计划就愈早落空。”

德国发动二战后几周内厄多斯离开英国去美国，领取普林斯顿高等研究院的研究金。爱因斯坦的助手斯特劳斯回忆厄多斯在普林斯顿的大街上走来走去，挥舞着双手，旁若无人地比画着谈数学。在普林斯顿厄多斯希望他的研究金可以续订，但厄多斯并不符合普林斯顿研究的标准，普林斯顿高等研究院发现厄多斯大部分时间与人下棋及聊天，不是规规矩矩地做学问，哈代曾说：“下棋确确实实是一个数学问题，但从某种意义上说却是一个微不足道的数学问题。”高等研究院上层的人不喜欢他，认为他“……粗野和非常规……”所以他被提供仅6个月延长，而不是预期的一年。

乌拉姆（Stanislaw Marcin Ulam，1909—1984）是波兰数学家，被冯·诺伊曼请去洛斯·阿拉莫斯（Los Alamos）一起从事研制原子弹。乌拉姆是厄多斯在剑桥结识的朋友，厄多斯被高等研究院解聘后，他一度失去了生活来源，幸好乌拉姆向他伸出了援助之手。当他得知厄多斯的窘境后，便邀请厄多斯到他工作的麦迪逊大学来访问。

乌拉姆说厄多斯“来麦迪逊是我们友谊的开始。由于经济拮据，除他所说的穷，他常把他访问的日子延长到不能延为止。1943年他在普渡大学取得一个奖学金，这时他不再分文全无。就如他所说的‘还从举债的日子摆脱’。在这次及其他的访问，我们互相讨论合作——我们的数学讨论只有在读报纸或听收音机广播战争情况及政治分析时才中断。在去普渡之前，他仍在普林斯顿研究院一年,直到他的生活津贴被停止为止。”

在1945年乌拉姆脑部动手术之后,准备从医院回家,厄多斯在走廊见到他,兴高采烈地喊道:“斯坦,我高兴地看到你还活着。我想你快死了,我要写你的讣告及亲自完成我们合作的论文。”当时他手上拿了一个皮箱,没有其他地方可去,乌拉姆就邀他来他家里小住。

乌拉姆的同事载他们回家,在车上厄多斯就开始滔滔不绝地谈论一些数学问题,乌拉姆也发表一些看法。厄多斯就高兴地说:“斯坦,你还和以前一样!”这给乌拉姆心中很大的安慰,他担心自己的脑动手术后受损害。一到家,厄多斯就建议下国际象棋,乌拉姆很担心自己对象棋的一些规则及棋子的走法忘记了。第一盘棋厄多斯输了,厄多斯建议下第二盘,乌拉姆想可能厄多斯是要让他赢使他心里高兴,他感到疲倦,但是仍和厄多斯再下一盘。厄多斯努力奋战仍旧输,他说他感到疲倦不要下了,乌拉姆才相信厄多斯是很认真及诚恳与他下棋,他才对自己的脑没有完全损坏而高兴。

他们常在一起讨论数学或到海边散步。有一次厄多斯遇到一个小孩,他说:“看,斯坦!多么可爱的小不点儿(epsilon)。”一个非常漂亮的年轻妇女坐在附近,肯定是这小孩的母亲,乌拉姆就回答:“可以看那个大写的epsilon。”这令厄多斯马上脸红和难堪。

乌拉姆

战争期间厄多斯一直得不到家人的讯息,很挂念他们。1945年8月,他终于收到了一封电报得知家庭的详细信息:他父亲在1942年心脏病发作去世,母亲仍然健在,表哥弗雷德罗(Fredro)被送到奥斯威辛集中营，但活了下来。然而厄多斯的4个叔叔和婶婶被杀害了。

因为德国希特勒法西斯把厄多斯的匈牙利犹太亲属差不多杀光了，因此他对法西斯深恶痛绝，各种形式的当权者或他们的统治工具他都不喜欢，大学的行政官僚、美国的移民局、匈牙利的秘密警察、洛杉矶的交通警察、无事不管的上帝都被他冠以“法西斯”！他不喜欢狗，看到狗走近他，他会说：“那只法西斯狗是否要咬我？”

有一次他和一个合作者亨里克森(Mel Henriksen)教授到一个教授的家去，刚好这家的猫生了几只小猫，保罗舅舅就好奇地抱一只小猫看，然后把它放回盒子，可是那小猫突然用爪刮伤他的手，保罗舅舅就大骂：“法西斯猫！”女主人不以为然地说：“这么小的猫怎么会是法西斯呢？”

保罗舅舅回答：“如果你是老鼠，你就知道了！”

他年老容易感冒，他就埋怨：“我不明白超级法西斯为什么让我感冒。他创造我们看着我们受苦他就快乐。”

厄多斯在朋友家做研究

他一生独身没有家累，可是他很喜欢小孩子，有时在餐厅看到小孩，他会跑过去说：“哈啰！”然后从他风衣的袋子拿出装安非他命的药罐,把它放到肩膀的高度让它落下,再迅速用手捉它回来,他用这种方式逗小孩,和他们做朋友。

对刚认识的人,他会问:“你什么时候来到?(When did you arrive?)”不知情况的人会以为他在问什么时候你来这里。实际上他是问你什么年份出生,然后他计算你年纪多大。

他说“我的大脑是敞开的”,就是表示“我要做数学”。

另一本厄多斯传

他说:“某某人死了!(died)”是指他已停止做数学研究。“某人离开了(left)!”那是指他死了离开人世间。因此有一次,他在巴黎演讲后,有个法国数学家问他关于他们英国的共同朋友、某个得爵士头衔的教授的近况。厄多斯回答:“这可怜的家伙两年前已死去了。”另外一位法国教授在旁边听到,马上说:“这是不可能的,我上个月还在罗马见到他。”而厄多斯却说:“啊!你应该明白我的意思,我是指他这两年没有搞出一些新东西出来!”

乌拉姆在 1976 年他的自传《一个数学家的冒险记》(*Adventure of a Mathematician*)曾经这么写:“数学的天地是大脑创造出来,可以视为不需外界的助力。数学家工作可以不像其他科学家那样需要仪器。物理学家(甚至理论物理学家)、生物学家和化学家都需要实验室——可是数学家能在没有粉笔、纸或笔的情况下工作,他可能在走路、吃饭甚至谈天时继续思考。这就或许可以解释为什么有许多数学家在从事其他工作时表现得内向(inward)及心不在焉,这和其他领域的科学工作者的形象最鲜明地不同。当然,这还要看具体情形。有些人像保罗·厄多斯具有极端的特点。他在清醒的时间里是把心放在数学构造和推理思考,把其他的事都搁在一边。”

乌拉姆这样描写厄多斯:

“他是比中等身材稍矮,非常神经质,当时他比现在还要活跃——常常跳上跳下或者拍打(flapping)他的双臂。他的眼睛常常显示他是在思考数学,这过程只有在他说出对世界事务、政治或人类悲观的论调时才中断。如果有一些有趣的想法从他头中产生,他就会跳起来,拍手掌,然后坐下。他专心搞数学及常常思索问题,很像我的一些波兰朋友。他的怪异的举动是太多了,不可能全写下来。一个方面(现在仍然保留下来)是他的特异的语言。如用‘epsilon’表示孩子,‘奴隶’是指丈夫,‘主人’是指妻子,‘捕俘’是指‘结婚’,‘讲道’(preach)是指演讲,还有其他现在数学界所知道他的独创名词。我们共同获得的数学结果,有许多到今天还没有发表。”

“……他真的是一个神童,在18岁时就发表他在数论和组合数学的结果。”

“由于是犹太人,他需离开匈牙利,而这反而救了他的命。在1941年他27岁,却不快乐、思乡,常常担忧他那留在匈牙利的母亲。”

与数学家合作写论文

他可以和任何大学的数学家合作研究,他每到一处演讲,就能和该处的一两个数学家合作写论文。据说多数的情形是其他数学家把一些本身长期解决不了的问题和他讨论,他可以很快就给出问题的解决方法或答案，于是对方赶快把结果写下来，然后发表的时候放上他的名字，厄多斯的新的一篇论文就这样诞生了。

他是一个富有传奇色彩的人，人们甚至谣传(当然这不是真的)：他有一次从一个地方要到另外一个地方的大学演讲，竟然在旅途中和查票的火车查票员合写了一篇数学论文！

在普林斯顿，厄多斯有一次听马克·卡克(Mark Kac，1914—1984，一个波兰裔美籍数学家，也是犹太人)的演讲。卡克回忆道："厄多斯在我报告的前大半部分时间都在睡觉，因为我讲的东西和他的兴趣不沾边。后来我讲到我在素因子方面遇到的困难，因为牵涉数论，厄多斯马上来了兴致，他让我解释一下到底困难在什么地方。之后不到几分钟，我的报告还没有讲完，他就打断我并且宣布问题解决了。"

卡克是概率论的大师，后来和厄多斯一起发展用概率论工具研究数论。数学往往是要求精确的，厄多斯发现概率论存在于数论的核心之中，但厄多斯开创了一种存在性问题的概率证明方法，把随机性引入证明之中。他可以证明许多现象存在的概率很大，甚至是1，但不给出构造。这种办法在图论和计算机科学里经常会用到。

厄多斯能在他本来一无所知的领域做研究。有一个叫胡列维茨(Witold Hurewicz，1904—1956)的波兰裔美籍数学家，是维数理论和同伦论的开创者。胡列维茨提过这个问题："希尔伯特空间中有理点集合的维数是多少？"

厄多斯听到这个问题后，觉得很好奇，就问什么是希尔伯特空间，维数是什么意思。有人告诉了他，于是他很快就得到了答案。这是厄多斯对一个他几乎一无所知的领域做出的贡献！

1966年，约翰·塞尔弗里奇(John Selfridge)和厄多斯解决了数论中的一个著名问题，已经100多年没人解决。这问题是说连续正整数的乘积(如 4·5·6·7·8)从来没有一个是平方数、立方数或任何更高次方数。

例如 1,2,3,4 的乘积是 24,它的任何开次方都不是整数。

3,4,5 的乘积是 60,它的任何开次方都不会是整数。

8,9 的乘积是 72,它的任何开次方都不会是整数。

这问题看来是很容易,但证明不简单。

厄多斯说:"我的母亲说,'保罗,就算你在某一个时刻也只能在一个地方出现。'可能过不久我就没有这种限制。可能当我去世之后,我可以在同一个时刻在不同地方出现。我或许可以和阿基米德及欧几里得一起合作研究。"

与塞尔伯格的宿怨

塞尔伯格(Atle Selberg, 1917—2007)是挪威数学家,1947—1948 年在普林斯顿高等研究院研究,然后到锡拉哥大学当助理教授,在 1949 年又回高等研究院成为永久成员。后得菲尔兹奖并被普林斯顿大学聘为正教授。

对正实数 x,定义 $\pi(x)$ 为素数计数函数,亦即不大于 x 的素数个数。25 以下的素数是 2,3,5,7,11,13,17,19 和 23,所以 $\pi(3)=2$,$\pi(10)=4$ 和 $\pi(25)=9$。

塞尔伯格

高斯在 1849 年圣诞前夕给天文学家恩克著名的信中提到,他致力找到一个 $\pi(x)$ 渐近公式的历史可以追溯到 1792 年或 1793 年(当他为 15 岁或 16 岁),高斯找到了一些函数来估

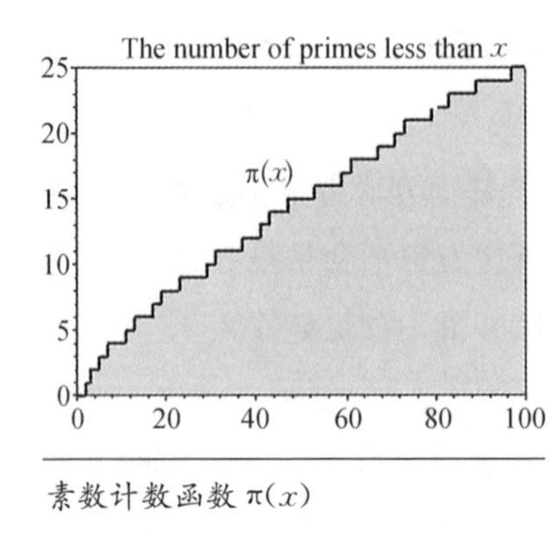

素数计数函数 π(x)

计 π(x)的增长:

$$\pi(x) \approx \frac{x}{\ln x}$$

其中 $\ln x$ 为 x 的自然对数。上式的意思是当 x 趋近∞,π(x)与 $x/\ln x$ 的比值趋近 1。

写成分析式子就是高斯著名的“素数猜想”:

$$\lim_{x \to \infty} \frac{\pi(x)}{x/\ln(x)} = 1$$

1793 年高斯提出这猜想,但没法证明。独立于高斯,法国数学家勒让德(A. Legendre) 也提出这猜想。1896 年法国数学家阿达马(J. Hadamard)与比利时数学家普桑(Charles Jean de la Vallée Poussin)用复变函数论工具证明这猜想,1903 年德国数学家朗道(E. Landau)给出一个较简单的证明。哈代 1921 年在哥本哈根做报告的时候说素数定理不大可能会有初等的证明:“断言一个数学定理不能用某种方法证明,这可能显得过于轻率;但有一件事(素数定理没有初等证明)却是清楚的。如果有谁能给出素数定理的初等证明,那么他就将表明,我们过去关于数学中何谓‘深刻’、何谓‘肤浅’的看法都是错误的。那时我们就不得不把书本都抛在一边,重写整个理论。”如果真的出现了初等的证明,那么数论会迎来巨大的革命。

就在哈代去世的两年后,1949 年 35 岁的厄多斯来普林斯顿研究院与 31 岁的塞尔伯格合作用数论方法给出了这定理的初等证明。

1948 年,普林斯顿研究院的塞尔伯格对于任意实数 x,定义函数:

$$\vartheta(x) = \sum_{p \leqslant x} \log(p)$$

和号表示所有素数 $p \leqslant x$ 的和。素数猜想等价于证明：

$$\lim_{x \to \infty} \frac{\vartheta(x)}{x} = 1$$

1948 年 3 月塞尔伯格证明渐近公式：

$$\vartheta(x)\log(x) + \sum_{p \leqslant x} \log(p)\vartheta\left(\frac{x}{p}\right) = 2x\log(x) + O(x)$$

他称之为“基本公式”(the fundamental formula)。他准备去加拿大，不得不放下手头的研究工作。当时在普林斯顿访问的匈牙利数学家图兰(Turan)是塞尔伯格的好朋友，他快要离开普林斯顿了，他请求塞尔伯格去加拿大之前把那个基本公式告诉他。塞尔伯格同意了，他知道图兰的水平不足以对他构成任何威胁，而且他以为图兰很快就会离开。

9 天后塞尔伯格离开加拿大返回，图兰还没有走。更可怕的是图兰将基本公式告诉了厄多斯。脑子反应快的厄多斯立刻便利用这个公式推出了一个重要的结果。而最让塞尔伯格担心的是，厄多斯跟他说这个可以导出素数定理的初等证明。厄多斯在很多地方反复强调“是我告诉塞尔伯格可以证明素数定理，而他根本不相信，甚至还举了这个反例给我看”。

塞尔伯格起初让厄多斯帮忙写出一个证明，然后自己加上其他证明来最后给出素数定理的初等证明。本来他们是决定一起发表素数定理的初等证明，后来塞尔伯格在一次聚会上，听到一个数学家告诉他说“听说厄多斯和一个叫什么名字的人证明素数定理，用的是初等方法”。他决定甩开厄多斯单独发表。

塞尔伯格发现了一种不需要厄多斯那部分证明的证明，从而将这个结果单独署名发表在《数学年刊》(*Annals of Mathematics*)——

世界上最权威的三本数学杂志之一。厄多斯自然也不爽,于是他写了论文,也投给普林斯顿的《数学年刊》。主编外尔在充分听取了双方的陈述之后,决定不发表厄多斯的论文。之后,厄多斯将论文投给了《美国数学会公报》(*Bulletin of the American Mathematical Society*),在外尔的授意下,编辑雅各布森(N. Jacobson, 1910—1999)也做出了退稿的决定。

外尔

雅各布森

厄多斯立即将论文又投给了《美国国家科学院院刊》(*Proceedings of the National Academy of Sciences*),这次很快就发表了。塞尔伯格的文章迟了一些时候,发表在了普林斯顿的《数学年刊》上。由于这项工作很重要,塞尔伯格在第二年获得菲尔兹奖,而厄多斯却失去机会,这件事情让他非常伤心。1952年美国数学学会颁科尔(Cole)奖给厄多斯。这件事情给两个人都造成了深深的伤害,塞尔伯格也从此与厄多斯反目。

卡普兰斯基(I. Kaplansky, 1917—2006)那些日子在普林斯顿,亲眼目睹了厄多斯和塞尔伯格的过节。他对厄多斯说:"保罗,你总是说,数学是人类的财富。没有人拥有定理,他们是从那里学习和发展。那么,为什么你还要与塞尔伯格有纠结和仇隙?你为什么不让它成为过去?”厄多斯的答复是:“啊,但是这是素数定理!”

有兴趣的读者可以上网看相关资料。

http://www.math.columbia.edu/~goldfeld/ErdosSelbergDispute.pdf

http://www.math.ntnu.no/Selberg-interview/selberg.pdf

对年轻数学工作者的爱护

> 厄多斯有一种激励人的本领,他能把人们带到一个全新的水平。他的数学世界是我们都能够进入的。
>
> ——乔尔·斯宾塞(Joel Spencer)
>
> 厄多斯比任何人都知道更多的问题,他不仅知道各种问题和猜想,还知道不同数学家的口味。所以,如果我收到一封信,给了我他的3个猜测、2个问题,然后他确保这些正是一种猜测和我感兴趣的问题,而这些问题,我可能能够回答。
>
> ——贝拉·波罗巴斯(Bela Bollobás)

拉约什·波萨(Lajos Pósa, 1947.12.9—)是匈牙利的数学家,他在14岁时就已能够发表有相当深度的数学论文。大学还没有读完,就已获得科学博士的头衔。

他的父亲是化学家,母亲是数学老师。波萨小时候受母亲的影响,很爱思考问题。母亲看他对数学有兴趣,鼓励他在这方面发展。她给他一些数学游戏或数学玩具,启发他独立思考问题。

在母亲的循循善诱之下,他在读小学时已经自己拿高中的数学书来看了。1959年厄多斯从国外回来后,听到朋友罗萨·彼得(Rózsa Péter)讲起有一个很聪明的小孩,在小学就能解决许多困难的数学问题，于是就登门拜访他的家。

波萨的家人很高兴请厄多斯教授共进晚餐。在喝汤的时候，厄多斯想考一考坐在他旁边的11岁的波萨的能力，于是就问他这样的一个问题：

“如果你手头上有 $n+1$ 个不同正整数，而这些整数是小于或等于 $2n$，那么一定会有一对数是互素的。你知道这是什么原因吗?”

厄多斯几年前发现这个事实，在10分钟之内给出证明。这小鬼不到半分钟的思考，就很快给出这个问题的解答。他发现在自己面前的是一个难得的数学英才。从此以后，厄多斯就有系统地教波萨数学。后来，波萨14岁成了一位数学家，并在哈密顿图的判断中做出贡献。但20岁那年，波萨就停止证明和猜想，改行去做小学教师了。厄多斯说：“我觉得非常可惜。他虽然活着，但无异于行尸走肉，我非常希望他能尽快真正活过来。其实当他16岁那年告诉我他宁愿做陀思妥耶夫斯基而不做爱因斯坦时，我就开始隐隐有些担忧了。”

葛立恒(Ronald Graham，1935—)是金芳蓉的丈夫，他曾经是美国数学学会(AMS)会长、AT&T首席科学家，后来是加州

1985年厄多斯和陶哲轩讨论一个问题

大学圣迭戈分校(UC San Diego)计算机科学与工程系教授。

厄多斯、葛立恒和金芳蓉

厄多斯和葛立恒于1963年在一次数论会议上遇见,两人很快就开始数学合作。厄多斯常去他那里居住,葛立恒还存储厄多斯的论文。厄多斯一些钱财由他负责管理,他很多时候还担任厄多斯的秘书。葛立恒和厄多斯花了很多时间在拉姆赛理论上一起工作。他们合写了一本书。

在20世纪80年代后期,厄多斯听到一个名为格伦·惠特尼(Glen Whitney)的有天赋的高中生想在哈佛学习数学,学费有点短缺。厄多斯安排见他,通过葛立恒借给他1 000美元。10年后,葛立恒遇到惠特尼,他终于任教于密歇根大学并且可以最后偿还款项。

"厄多斯指望我会支付利息?"惠特尼纳闷。"我该怎么办?"他问葛立恒。

葛立恒咨询厄多斯。

"告诉他,"厄多斯说,"就像我做的那样帮助其他人。"

彼得·温克勒(Peter Winkler)有一个非常聪明的学生,可惜患有脑瘫,人坐在轮椅上。温克勒回忆往事:"当厄多斯第一次见到他时,便立即跑上去,询问他的病情和状况。厄多斯在10分钟内对这个学生的了解比我们在他整个研究生学习期间对他的了解都要多。此后厄多斯对这个学生的研究工作很是关心——当时该生正在完成他的博士论文,厄多斯提了很多中肯的建议。诸如此类的事情在他的一生中不胜枚举。"

厄多斯写短信，开头是“假定×是这样，因此有……”或者“假定我有一序列的数……”在信结尾时，他写了一点他个人的看法，通常是说他已经老了（这从他30岁就开始说）或者带忧郁或悲观地谈对我们上了年纪的朋友的看法。他的信是迷人的，常包含新的数学消息……

下面是厄多斯给一位年轻意大利数学家写的两封信，你可以了解他的风格：

Georgia Tech 1996 III 19

Georgia Institute of Technology
School of Mathematics
Atlanta, Georgia 30332-0160
USA
404•894•2700
FAX 404•853•9112

Dear Professor Melfi,

I just read your interesting paper on practical numbers. Denote by $f(x)$ the number of integers $n < x$ for which the integers $n, n+2, n+4$ will all be practical. I think

(1) $$f(x) > \frac{x}{(\log x)^c}$$

will be true for large c and $x > x_0(c)$. (You only got $f(x) > (\log x)^c$)

Also the following result should hold: for every t there will be t consecutive integers $n+1, n+2, \ldots n+t$ which all are "nearly" practical i.e. there is a constant $l(t)$ depending only on t so that for every i, $1 \le i \le t$ every integer u, $l(t) < u \le n+i$ is the sum of distinct divisors of $n+i$, also the number of these "nearly practical numbers $n < x$ will be greater than $\frac{x}{(\log x)^c}$ where c depends only on $l(t)$ (or rather on t)

I do not see at the moment how to prove these conjectures.

At present I am at the University of Memphis Department of Mathematics Memphis Tennessee 38152 (c/o Prof Ralph Faudree) or you can write to Prof Jean Louis Nicolas Univ of Claude-Bernard Lyon Villeurbanne France or to my Budapest adress

Kind regards
Paul Erdős

An Equal Education and Employment Opportunity Institution

A Unit of the University System of Georgia

Department of Mathematics and Statistics

Kalamazoo, Michigan 49008-5152
616 387-4510
FAX: 616 387-4530

1996 V 29

WESTERN MICHIGAN UNIVERSITY

Dear Professor Melfi

Very many thanks for your letter. I am very glad to meet you in Eger. It would be nice to find an asymptotic formula for P(x) but perhaps that is difficult. Can you prove that $P(2x)/P(x) \to 2$? This is certainly true.

Here is a different problem: Denote by A(x) the number of integers $\leq x$ which can be written in the form

$$\sum_i \varepsilon_i 3^i + \sum_j \delta_j 4^j, \quad \varepsilon_i = 0 \text{ or } 1, \quad \delta_j = 0 \text{ or } 1$$

i.e. which are the sum of powers of 3 and powers of 4. $A(x) > cx$ is probable.

I am not able to find a sequence of integers $n_1 < n_2 < \ldots$ $n_{k+1}/n_k \to 1$ and n_k is never the sum of smaller n_i's i.e. $n_k \neq \sum \varepsilon_i n_i$, $\varepsilon_i = 0$ or 1. Deshouillers and I raised this question.

Kind regards
Paul Erdős

You can write to my Budapest address or c/o Faudree

厄多斯手迹

我印象最深刻的是有一次我到布达佩斯拜访认识的一位F教授,F教授见到我说:“你知道吗?厄多斯昨天回来了!”可见厄多斯一回国门,就变成布达佩斯的重要消息。

厄多斯知道和解决的东西太多了,有些他来不及写下来,在上世纪40年代时,他和乌拉姆合作得到一些有关直线上一些波莱尔集及平面上一些集合的拓扑学定理,他们一直没有机会坐下来合写成文章。

其中有一些结果后来被一个印度数学家劳(B. V. Rao)重新发现并且发表。劳得到这些结果时,把论文寄给厄多斯请他提供意见。厄多斯马上回信鼓励他发表这些结果,信中他并没有说他和乌拉姆早已得到以上的结果并且证明了。后来有人告诉劳,他所发现的定理实际上厄多斯和乌拉姆早已获得只是没有发表。劳写信给厄多斯,问他为什么不早点讲这情况?厄多斯回答:他不想模仿高斯这个"混蛋习惯"——对于年轻的数学家泼冷水说:他们自以为发现的新结果,事实上是他许多年前早已得到了。从这点可见厄多斯胸怀宽大及对年轻数学工作者的爱护,不想伤害他们对数学研究的热情。

麦卡锡时代的"黑五类"

1953—1954年,厄多斯在印第安纳州的圣母大学(University of Notre Dame)。该校数学系的系主任安排一门高等数学的课程给他教,并提供一个助教,如果他不在大学外出与人讨论数学,他的课可由助教代教,事实上他是挂教授的名拿钱,朋友说一个无神论者却由天主教大学来供养,真是奇怪。厄多斯却说:"我并不介意这些,只是到处看到'加号'令我头痛。"(加号指十字架。)

圣母大学想终身聘请他,劝他结束到处漂泊的日子,可是他却拒绝了人家的好意。

亨里克森说,对于厄多斯来说,被剥夺了旅行的权利就像是被剥夺了呼吸的权利一样。

1954年,因要去参加在阿姆斯特丹举行的国际数学家大会,厄多斯向美国移民局申请再入境许可证。那时正是麦卡锡时代,美国处于一片红色恐惧之中。(以至于当厄多斯想往匈牙利——一个社

厄多斯1958年参加国际数学家大会

会主义国家——打电话时,都没人敢把电话借给他。)

移民局的官员不想给厄多斯发再入境许可证,便问了各种各样愚蠢的问题。

“你母亲是否对匈牙利政府有很大的影响?你读过马克思、恩格斯或者斯大林的著作吗?”

“没有。”厄多斯回答。

移民局官员问他:“你怎么评价马克思?”

他率直地回答:“我没有能力去判断,但毫无疑问,他是一个伟大的人物。”

移民局官员问他:“你是不是共产党员?”

他回答:“看你怎样定义共产党,我想我应该不是。”

质疑他是否会再回到匈牙利。厄多斯说:“我不打算现在访问匈牙利,因为我不知道他们是否愿意让我出去。我打算只去英国和荷兰。”

“如果你能肯定匈牙利政府会让你离开,你会访问匈牙利吗?”

他傻傻地回答说:“当然,我的母亲在那里,那里我有很多朋友。”

结果移民局寄信通知他,如果他离开美国就不能再入境。厄多斯聘请一个律师替他处理此案件。律师有机会查阅移民局里厄多斯的档案，结果发现把他列为“黑五类”，原因是：

第一点，他和曾经在美国执教的中国数学家华罗庚通信。

美国为研制原子弹制定了曼哈顿计划，奥本海默是该计划的主要领导者之一，二战后，又出任普林斯顿高等研究院院长。华罗庚于是申请到世界最著名的数学中心——普林斯顿高等研究院工作，在那里担任研究员和访问教授，1948 年华罗庚随即又被伊利诺伊大学聘为终身教授。1949 年，华离开美国回到新中国。

厄多斯搞数论，和华罗庚是同行，因此与他交流数论的问题。

厄多斯写道：“亲爱的华，设 p 是奇素数……”

厄多斯虽然和华罗庚谈数论问题，不牵涉任何政治，可是和一个已回社会主义阵营的人通信，美国当局认为他的思想就有问题，会不会厄多斯想传递什么秘密情报？

第二点，1942 年，厄多斯还在普林斯顿高等研究院的时候，有一次与两名学者角谷静雄和阿瑟·斯通（Arthur Stone）一起去芝加哥参加一个会议，途经长岛，便停下来看看海景。他们在一个无线电发射塔——可能是一个秘密的军用雷达——附近拍照，被警卫发现。

华罗庚（右）在普林斯顿高等研究院（1946—1947）

一个警卫怀疑他们是外国间谍，对他们查问，他们提出适当的身份证明。警卫警告他们以后不要走近军事地区。几天之后军方的情报人员个别再找他们问话，FBI 的调查人员问他们为什么没有看到“NO TRESPASSING”（不许超越）的标牌，厄多斯说：“我正在思考问题。”

“思考些什么？”

"数学。"

这个事件就此记录在案。

第三点,厄多斯的母亲在匈牙利科学院工作,她必须参加共产党才能工作。因此有一个这样的母亲,厄多斯就变成了麦卡锡时代的"黑五类"了。

1943年,乌拉姆到洛斯·阿拉莫斯参与原子弹的研制。他极力劝说厄多斯也加入他们的行列,厄多斯本人也很愿意为消灭法西斯而出力。于是厄多斯给他的同胞特勒(E. Teller,著名物理学家,被称为"氢弹之父")写信,申请加入曼哈顿工程。但厄多斯在信中特别强调他战后要回匈牙利,所以理所当然地被取消了资格。

1972年到1980年任库朗研究所所长的彼得·拉克斯(Peter Lax, 1926.5.1—　)是匈牙利人,1941年底15岁的他随家人逃到美国。1942年春季,厄多斯在普林斯顿介绍他给爱因斯坦认识,说这高中生是一个有才干的年轻匈牙利数学家。爱因斯坦问厄多斯:"为什么要提到匈牙利呢?"拉克斯在1944年证明了厄多斯的一个数学猜想。

拉克斯1944年参军,曾在美国佛罗里达州的"步兵更换训练中心"接受工程训练。1945—1946年分配到洛斯·阿拉莫斯国家实验室做曼哈顿项目工作,他曾做中子运输,后来在冯·诺伊曼的启发下做冲击波的研究。

厄多斯曾给在洛斯·阿拉莫斯的拉克斯寄了一张明信片:"亲爱的彼得,'我的间谍'告诉我山姆叔叔(Sam)正在造原子弹,告诉我,这是真的吗?"

还有一次,厄多斯和包括拉克斯在内的几个匈牙利人一起吃晚饭。席间他们一直用匈牙利语交谈,厄多斯却突然用英语大声问:"原子弹的研制进展如何?"

朗道是德国数学家,主要研究数论与复变函数论,曾在柏林大学和格丁根大学任教授。朗道访问过剑桥大学,在剑桥曾遇见有些神经质的厄多斯,对他说:“我们数学家都有一些疯狂。”

厄多斯在常人看来是真的有些疯狂。在那个年代制造原子弹是国家机密,连最放浪不羁的物理学家理查德·费曼(Richard Feynman)都守口如瓶没有告诉妻子他参与制造原子弹的工作。厄多斯的做法和行为是会害人害己。

厄多斯离开美国参加荷兰的国际数学家大会,美国不给其入境签证,未来9年中,被禁止返回美国。这时以色列政府收容他,有很长时间他居住在以色列,可是尽管以色列政府给他公民权,但他也不愿放弃匈牙利国籍,还保持他的匈牙利护照,他声称是一个世界公民。以色列理工学院数学系1955年以来任命他为“永久客座教授”,他只要一年做为期三个月的工作。这使他只要愿意访问以色列理工学院,学院就定期支付工资给他。

他在以色列度过了10年的大部分时间。在1960年代初期,几百名数学家联名向美国政府要求允许厄多斯重新入境,于是在1963年11月,厄多斯终于得以重返美国。在会议上发表讲话时,厄多斯说:“Sam终于肯接纳我了,大概它认为我已经老迈不堪,不足以推翻它了!”从此他的大部分时间在美国,他也永远不会原谅美国政府。一年之后,美国政府已经对厄多斯失去了防备,给他外国人的居住身份,他从来没有给美国麻烦。当苏联发射人造卫星进入轨道后,美国和苏联太空竞赛开始,为了提高数学研究,政府有一个巨大的基金支持数学研究。这使得他的许多朋友和合作者可以给他研究补助费。

不是一个好病人

从20世纪40年代开始,厄多斯就是一副体弱多病、疲惫不堪的样子。他的朋友们都觉得他没多少光景了,可事实上他活得比别人都长。

在贝尔实验室工作的数学家彼得·温克勒说:“保罗有一次来我家,他瘦削得像一个吸毒者、流浪汉,手上拿着一个装有给我孩子礼物的塑料袋。刚好我的岳母来我家拜访,她去开门,真的以为面前是一个无家可归的乞讨者,要把他赶走。”

他年纪大了,眼睛患白内障。好心的朋友安排他去看眼科医生,医生决定替他动手术,手术后通常需要24小时住院。保罗舅舅拒绝医生动手术,也拒绝在医院过夜,因为这将导致他缺席一个数学会议,这会妨碍他的工作。

有一次在德国,厄多斯跑到一座小山上,发生轻微的小中风,可他并没有察觉。回到布达佩斯,因为他觉得不适而进行了检查,发现问题,可他不愿意接受医生任何建议,医生认为他是他们接诊过的最不听话的患者。他感兴趣的是数学,他没有时间照顾他的健康。

保罗舅舅到了晚年很喜欢到梅菲士(Memphis)去访问,因为那里有他的一群合作者跟他讨论数学和写文章。有一次在一次数学会议之后,他和一些数学家到一间希腊餐馆去吃饭。

吃到一半他突然说感到不舒服,他想坐在塞西尔·卢梭(Cecil Rousseau)的车里休息。过了不久,他要塞西尔量他的脉搏,结果每分钟达150次,他的脉搏不正常,因此塞西尔送他进医院。

到了医院的急诊室,他被送进一个小房间,胸部连接一个电子仪器,他的心跳得非常快。突然心跳频率开始急剧下降,仿佛要一直降到0。

保罗舅舅对塞西尔说:“给我一个数学问题。”

“数学比赛的问题怎么样?”

“可以。”

于是塞西尔就给他一个德国的数学比赛题目,这是有关置换的问题。

福德利

保罗舅舅说:“这是一道很好的题目。”

这时保罗的合作者拉尔夫·福德利(Ralph Faudree)赶来了,大家都集中精神谈论数学,不想看仪器上显示的快速的心跳,奇妙的是,当保罗思考数学时,他的心跳慢慢地降下来了,心率最后在每分钟65次稳住了,真是令人难以置信。塞西尔和福德利才松了一口气。

为了安全起见,他们把他留在医院观察。人们开玩笑地说,世界数学研究中心快要转移阵地,搬迁到梅菲士医院的一个病房了。

真的,在他的病床上布满了他手写的计算稿,他很高兴,一批接一批的数学家来病房探望他,和他谈数学。病房里数学家进进出出,护士们试图阻止他做数学研究可又没办法,医生和护士都被逼得差点发了疯。

没有人来探望他的时候,有护士来查房,他就设法和护士们谈数学,他很高兴对一个护士解释“为什么素数的个数是无穷的”。他用欧几里得的反证法证明,解释什么是反证法,还挺高兴地对别人说:“我相信她听懂了。”

这些护士们只觉得这个瘦小的老头真是怪,人生病就是要休息,而这个老头却是不休息不听医生的劝告,在死亡边缘还孜孜不倦地工作。

在这之前保罗舅舅有只眼睛完全看不见了,急需一次角膜移植手术。在福德利妻子的安排下,很快找到了合适的角膜捐赠人,可以进行手术了。手术开始前,医生仔细给厄多斯讲了手术过程。

“医生,”厄多斯问道,“我还能看书吗?”

“可以，”医生说道，“这正是我们手术的目的。”

厄多斯走进手术室。可灯光一暗下来，他又烦躁起来：“你们为什么把灯给关了？我不能看书。”

“为了手术。”

“可是你刚才还说我能看书！”

然后他就跟医生吵起来，说既然做手术的是一只眼睛，为什么他不能用另外一只好眼睛看书呢？医生急得拼命给梅菲士大学数学系打电话：“你们能否派一个数学家过来，以便手术过程中和厄多斯能谈论数学？转移他的不安，不然手术无法进行。”

数学系答应了，马上有人来对他安抚，最后手术进行得很顺利。

对普通人讲数学失败

葛立恒和金芳蓉在厄多斯去世之后于1998年出版一部《厄多斯论图以及未解决的问题》(*Erdös on Graphs: His Legacy of Unsolved Problems*)，里面转载瓦松尼回忆厄多斯的文章。1979年1月13日，厄多斯鲁莽决定向瓦松尼搞音乐的夫人劳拉(Lora)解释神奇的数学：证明2的平方根是无理数。按计划厄多斯用反证法证明，他应该这样证明：

假设$\sqrt{2}$是有理数，则有$\sqrt{2}=a/b$(这是有理数的定义)

其中，a，b互质

则有$a^2/b^2=2$

$a^2=2b^2$

只有偶数的平方才是偶数

所以a是偶数

令$a=2x$

$$则有\ 4x^2 = 2b^2$$

$$2x^2 = b^2$$

同理,b 也是偶数

既然 a, b 都是偶数,与原来的 a, b 互质矛盾

所以$\sqrt{2}$不是有理数。

他开始在一张白纸上写证明。"劳拉,如果你不明白一个步骤,让我知道,我将解释清楚。"

他说:"让我们假设,2 的平方根是有理数,也就是,它等于一个 a/b,其中 a 和 b 是整数。OK?"劳拉同意。

然后,他一步一步,最后达到了矛盾。

"你看,假设是错误的,2 的平方根不能是有理数。"

但劳拉不喜欢这证明。厄多斯恼火:"我要你在每一步如果你有不明白的时候要告诉我,可你什么都没说。"

"你为什么一开始不告诉我这假设是完全错误的?"劳拉说。

厄多斯向劳拉讲数学证明的漫画

厄多斯摇头叹息:“孺子不可教也。”

瓦松尼要厄多斯在那张写证明的纸上签名留念。

厄多斯在那张纸上签名 P. G. O. M. A. D. ,下面是实际的“文件”:

$\frac{3}{5}$

$\frac{7}{10}$ $\frac{10}{14}=\frac{5}{7}$

$\sqrt{2}=\frac{a}{b}$ $(\sqrt{2})^2$ $(\sqrt{2})\cdot\sqrt{2}=2$

$(\sqrt{2})^2=2$

$\frac{a^2}{b^2}=2$

a a

$a^2=2b^2$ 6 15

$a=2x$ 3

$2x\cdot 2x=4x^2$ 20 30

$4x^2=2b^2$ 10

$2x^2=b^2$ $b=2y$

$a=2x$

$b=2y$

E. P

P Erdős (p g o m a. d) explains to
Laura Vázsonyi that $\sqrt{2}$ is irrational
Gainesville Florida 1979 I 13

厄多斯关于$\sqrt{2}$不是有理数的数学证明手迹

20 世纪 70 年代初开始,厄多斯说:“我名字的英文缩写 P. G. O. M. 。

当我 60 多岁时,成了 P. G. O. M. L. D. ,是活死人身份证。

65 岁到 70 岁, P. G. O. M. L. D. A. D. ,为考古发现。

在 70 岁以上成了 P. G. O. M. L. D. A. D. L. D. ,法律上死亡。

而在 75 岁以上他是 P. G. O. M. L. D. A. D. L. D. C. D. ,为计数死亡。”

55岁以上	P. G. O. M.	可怜的大老人	Poor Grand Old Man
60岁以上	+L. D.	活死人	Living Dead
65岁以上	+A. D.	考古发现	Archeological Discovery
70岁以上	+L. D.	法律上死亡	Legally Dead
超过75岁	+C. D.	计数死亡	Counts Dead

在1987年,当他74岁,他解释说:"匈牙利科学院有两百名成员。当你到达75岁,你可以在学院里享有充分的特权,但已不再计为成员了。这就是'计数死亡'的含义。当然,也许我不会需要面对紧急情况。我75岁生日时,他们正在策划一次国际会议,可能是为了纪念我。"

厄多斯数

1957年,普林斯顿大学的约翰·伊斯贝尔(John Isbell)最早提出"厄多斯数"(Erdös Number)的概念。

厄多斯本尊,定义他的厄多斯数是0。

如果某人A与厄多斯合写论文而且发表,那么他的厄多斯数是1。

如果B没有和厄多斯合写论文,但与A合写,那么他的厄多斯数就是2。

我们可以依此类推,如果一个人与C(他的厄多斯数是k)合写过论文,而他没有与其他厄多斯数小于k的人合写过论文,那么他的厄多斯数就是$k+1$。

因此我们可以定义,令S是所有曾发表过数学论文的数学家的集合,我们定义一个函数EN: $S \to N^+$

EN(厄多斯)=0

$\mathrm{EN}(x)=1$ 当且仅当 x 与厄多斯写过论文

$\mathrm{EN}(x)=k$ 当 x 和 y 合写论文而 $\mathrm{EN}(y)=k-1$

$\mathrm{EN}(x)=\infty$ 如果 x 没有和任何具有有限厄多斯数的人合写过论文

1969 年《美国数学月刊》(*American Mathematical Monthly*)发表了卡斯珀·戈夫曼(Casper Goffman)的论文《你的厄多斯数是多少?》(*And What is Your Erdös Number?*),开始引起人们对厄多斯数的兴趣。

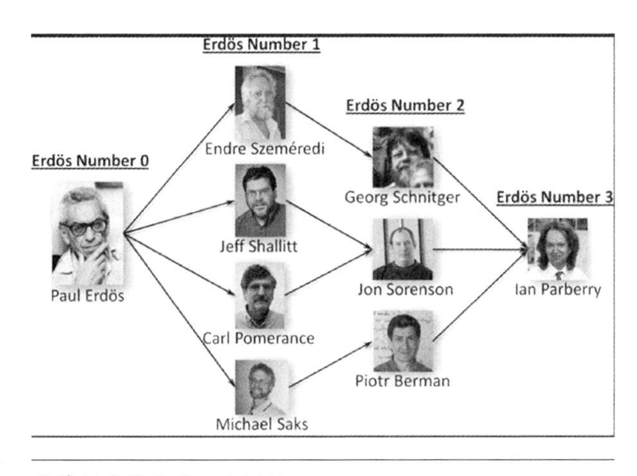

计算厄多斯数的一个网站

厄多斯每年要回布达佩斯 3 次,看望母亲和老朋友。有一次,在他回家期间,瓦松尼正研究一个图论问题,并找到了结论成立的必要条件。他回忆道:“我几乎天天与厄多斯见面,但我犯了一个致命错误——我在电话里把自己的发现告诉了他。我称这个错误是致命的,是因为他在 20 分钟后就回电告诉我证明充分性的方法。”

“该死的,我想,现在我只好和他合作写这篇论文了。这个著名的厄多斯数 1 究竟给我带来了什么,我几乎一无所知。”

我有一位美国朋友阿瑟·霍布斯(Arthur Hobbs)教授是塔特(William Tutte, 1917—2002)的博士生,塔特与图灵(Alan

Turing，1912—1954)在二战时一起破译德国密码，战后移居加拿大，在滑铁卢大学教图论。塔特的厄多斯数是1。

左图：塔特；右图：厄多斯和塔特(左)下围棋

霍布斯与导师合写过论文，因此他的厄多斯数是2，但是他看到有一些他认识的数学教授，没有他工作那么好，却有厄多斯数1，心里非常不痛快。他告诉我他想要使他的厄多斯数由2变成1。有一次参加一个数学会议，他在会议举办方安排的去参观当地名胜的途中，设法坐在厄多斯的旁边，告诉他自己研究的还未解决的问题，想法引起厄多斯的兴趣，结果这个老先生上钩，竟然想出方法帮他解决了他不能做的问题，于是霍布斯写了这篇文章，以两人的名义发表，他很高兴终于使自己从厄多斯数2变成1了。

1996年6月，霍布斯跟我讲这故事时，我们同时参加在路易斯安那州的巴吞鲁日(Baton Rouge)的东南国际图论组合及计算会议。厄多斯坐在前排听格哈特·林格尔(Gerhart Ringel)教授的报告。报告结束时，厄多斯小声地问了一个问题，就在提问的当中，他突然昏厥倒下，我们看到厄多斯因心脏病倒下送到医院的情形。后来厄多斯装心脏起搏器又回来参加会议。

霍布斯要我赶快找机会和厄多斯合写论文，不然他去世之后就没有机会了。

我听了笑笑，事实上我对这个厄多斯数是多少不感兴趣，而且我和厄多斯有一个共同的问题却一直没有解决，这问题是我的一个猜想，提出有30多年，许多人（包括魏万迪教授）尝试解决只做到一些微小部分，我会在《我的边优美树猜想》谈这问题。

后来为了纪念去世的塔特教授，我和密歇根大学的沙特朗（G. Chartrand）和张平教授一起写一篇文章，发表在《离散数学》（*Discrete Mathematics*）杂志上，由于EN（沙特朗）=1，于是我的厄多斯数顺理成章是2。

Erdős Number: 3
(3) Karl Schaffer
"Some k-fold edge-graceful labelings of (p, p − 1)-graphs"
(2) Sin-Min Lee
"Uniformly cordial graphs"
(1) Gary Chartrand
"Highly irregular graphs"
(0) Paul Erdős

谢弗的厄多斯数是3

我的合作者之一卡尔·谢弗（Karl Schaffer）教授是上面提到的林格尔的学生，他在他的网页上以通过我而有厄多斯数3为荣。

2013年6月，美国新出版给少年儿童看的讲述厄多斯的《喜欢数学的男童》的故事书。作者赫利格曼（Deborah Helligman）很

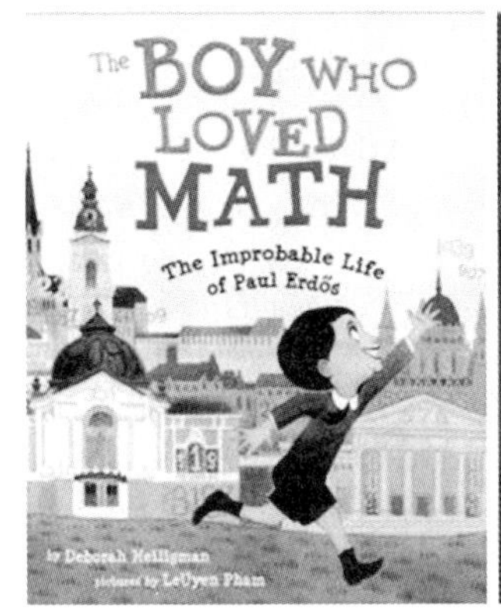

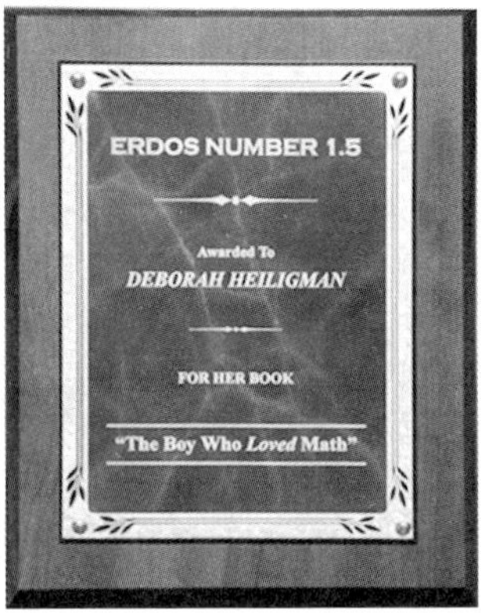

给少年儿童看的讲述厄多斯的《喜欢数学的男童》

高兴她被厄多斯朋友的一个委员会颁为厄多斯数是1.5。

2005年,阿贝尔奖获得者彼得·拉克斯的厄多斯数是3,但有人认为他应该是1.5。为什么呢?因为拉克斯在1944年发表论文 Proof of a Conjecture of P. Erdös on the Derivative of a Polynomial[*Bull. Amer. Math. Soc. Volume* 50, *Number* 8 (1944), 509-513],解决了厄多斯的关于多项式微分的猜想。

在1943年,厄多斯在《数学年刊》(*Annals of Mathematics*, *volume* 44, 643-646)发表论文,有一个脚注说:"这个证明是由彼得·拉克斯先生给出,口头交流。"这时彼得才17岁。

我与厄多斯的交往

1968年我在加拿大的温尼伯(Winnipeg)的马尼托巴大学(University of Manitoba)念研究生,我的老师乔治·格雷策(George Grätzer)是匈牙利卓越的数学家,当年他趁来美国访问就不回匈牙利,后来到加拿大温尼伯大学当教授。

他安排了厄多斯来我校演讲,也安排著名的匈牙利概率大师阿尔弗雷德·瑞尼(Alfréd Rényi)来演讲,我有幸在他飞机失事去世前见他并读他写的一本关于数学史的书。我后来把第一篇数学论文寄给匈牙利的杂志发表以纪念他。

从左至右依次为:格雷策,厄多斯,图兰和瑞尼(1959年,匈牙利)

厄多斯喜欢在讲数学时,穿插一些他和其他数学家的故事,就是在那次演讲,我第一次听他讲鸽巢原理及他发现匈牙利天才波萨的故事。

第二次见到厄多斯是在上世纪 70 年代初期的法国,他在庞加莱数学研究所演讲,谈一些组合数论的问题。讲完后我问他一个数学问题,他带我上二楼的庞加莱数学图书馆查资料。图书馆不是开架,在那儿要看书和杂志需填表给图书馆员去找,找到后放在桌上读者去拿。

看来馆员认识他,他嫌麻烦由他们去找,直接进入书库找了杂志打开一篇论文,叫我看那文章,他的记忆力之好,真是令我惊叹佩服。

在 80 年代,我在加州圣何塞大学教书,1985 年参加在犹他州举行的图论、组合及密码学的会议。开会地点是著名演员及导演罗伯特·雷德福(Robert Redford)的度假村。当时他在修建扩充,这里是著名的圣丹斯(Sundance)电影节主办地点,我们在那里住得很舒适,但由于雷德福是摩门教徒,开会场所没有咖啡供应,厄多斯平常喜欢说的一句话是"一个数学家就是一台把咖啡转化为数学定理的机器",这个对靠咖啡才能产生数学定理的厄多斯是件痛苦的事。

我演讲快要结束的 5 分钟,都会列下一些猜想邀请听众继续做;厄多斯来讲厅听到我叙述几个猜想,他就要我在外面一个桌子讨论,询问我报告的内容及我的猜想。

靠咖啡才能工作的厄多斯

我是讲优美图及边优美树的一些猜想,特别是"所有的奇顶点树都是边优美的"。他告诉我他曾经证明"几乎所有的连结图都不是优美图”,他说是否可以考虑证明“几乎所有的奇顶点树都是边优美图”? 我对他说我不知道概率证明的技巧,于是我们不听其他人的报告,在外面工作了两个小时。

当我们一起工作时,圣丹斯度假村业主雷德福来和我们打招呼,他是一个友善的人。他离开后,厄多斯问我:“这家伙是谁?”似乎他从来没有看过雷德福的电影。

后来他说:“你的猜想看来容易明白,但我想证明是困难的,我把我的那个几乎所有图都不是优美图的手稿下次在图论会议时给你,那个结果我还未发表,你看可否解决你的问题?”

我和厄多斯舅舅(1985 年)

我当时想厄多斯也是够糊涂,图论会议很多,我又不一定每次都会参加,他怎么能碰到我呢? 因此我没把他的话当一回事。

在密歇根州的卡拉马祖市(Kalamazoo)有一个西密歇根大学,那里每 4 年举办一个国际图论会议。1988 年我参加并报告我的研究工作,在那里遇见了厄多斯,我问候他。

他问我边优美树的猜想解决了吗? 我说还没有。他要我陪他去大学安排给他的宿舍,说有一件东西要给我。我好奇地跟他到他住的地方,很想看传说中他的皮箱——唯一的家产是什么东西。

他打开一个旧皮箱，里面几件衣服、药罐、记事簿和纸张，他取出了一个黄皮信封，里面有一份20多页手写的影印论文，他拿给我说这是他答应要给我的论文，他说这是唯一稿件，看完要还他。我问要寄去哪里？他说寄给加州大学的陈费丽(Phyllis Chinn)，这是一位嫁给中国人的犹太籍教授。他说他以后会去她那里，论文由她先保管。

我希望能在有生之年用厄多斯方法解决我的猜想，发表计划合写的论文，那时我的厄多斯数就可以变为1了。

厄多斯奇怪的行为

保罗舅舅身高5英尺6英寸(约1.68米)，体重只有130磅(约59千克)，自从他的母亲去世之后，他要靠吃一些药包括安非他命来减少他的忧郁症，因此外形看来他真像一个吸毒者。

他由于皮肤敏感，内衣裤及袜子都是丝制的。他不愿与人身体接触，如果你要和他握手，他会把手轻拍你的手上。

他的侄女费德罗(Magda Fredro)说："他很讨厌我吻他。他的手一天洗50多次，他来我家我的浴室就要遭殃，因为他弄得四处都是水。"因为他不用毛巾擦手，用甩手方式把水甩掉。在上世纪40年代他看最后一本小说，50年代他看最后一部电影，以后他不再花时间读小说和看电影。

在他下榻的数学家家庭，大家都希望他能休息，并强迫他与家人参加一些活动。曾有人带他去看约翰逊航天中心的火箭，他的同事指出："但他也没看火箭，在那里做数学。"另一个数学家带他去看MIME剧团，但他在演出前开始睡觉。梅尔文·内桑森(Melvyn Nathanson)的妻子在纽约现代艺术博物馆当馆长，有一次有法国印象派大师马蒂斯作品在她的艺术博物馆展出。"我们带他看马蒂斯的作品,”内桑森说,“但他没有看这些画,几分钟后我们结束了参观,他坐在雕塑园做数学。”

对厄多斯来说,只要不是睡觉就是做数学研究。在70年代,有一次他在葛立恒新泽西州的家吃早餐,他们突然聊到另外一个数学家的名字。

厄多斯想起他有一个数学结果要和这位数学家讨论,于是就拿起电话准备告诉这位数学家结果。

葛立恒就提醒他:“加利福尼亚和新泽西相差3个小时时差,那里正是清晨五点,他们正在睡觉。”

“好!他一定在家里。”他还是继续打他的电话。数学第一,睡眠第二。

有人曾问他为什么不考虑别人会怎么样想。他回答得很妙:“路易十四说‘朕即国家’,托洛茨基说‘我是社会’,而我说‘我是实在’(I am reality)。”

1964年,厄多斯开始照顾他的84岁母亲。在此期间,保罗和他的母亲是分不开的。每到一个地方他都带着母亲,直到1971年,母亲死于出血性溃疡。

1971年他的母亲去世,他变得十分沮丧。医生规定他每天服食抗抑郁药安非他命、苯丙胺或利他林10至20毫克,但是长期使用安非他命常常加剧抑郁症,也常常引起刻板的思想和行为,而不是创造力。

厄多斯和母亲

厄多斯试图恢复他生活中的某种程度的平衡将自己沉浸在数学里,一天工作19个小时。曾有人劝他不要这么辛劳。他笑着说:“在坟墓里我们有许多睡觉的时间。”

赫伯特·索尔·威尔夫(Herbert S. Wilf，1931—2012)是一个专门研究组合数学和图论的数学家，他写了大量的书籍和研究论文。他是宾夕法尼亚大学的数学教授，是金芳蓉的博士论文导师。他于1994年创办组合学电子杂志，是其编辑、总编辑，直至2001年。

威尔夫有一次参加一个会议，早上走出住宿的院子准备去吃早餐，厄多斯刚吃过早饭回来，两人路上相遇，威尔夫习惯问候：“早上好，保罗。你今天好吗?”

厄多斯挡住走道，出于尊重，威尔夫停下来。两人只是站在那里默默地对视……最后，经过一段沉默，厄多斯说：“赫伯特，今天我感到非常难过。”威尔夫说：“我很遗憾听到这个消息，你为什么要哭呢?”

“伤心!”厄多斯说：“我感到非常难过，因为我很想念我的母亲。你知道她已经死了。”

威尔夫说：“我知道，保罗。我知道她的死亡，感到非常难过，为你我们也一样难过，但她不是大约五年前死了吗?”

他说：“是的，是的，但是我非常想念她。”

赫伯特·索尔·威尔夫

1979年葛立恒和保罗舅舅打赌，如果他一个月能不服安非他命的话，他就给他500美元。

保罗接受了这个打赌，可是这一个月他却很不好受，就像一只冷藏室的火鸡，一点活力也没有，可是他就是不动安非他命，最后葛立恒输了，写了一张500美元的支票给他。

保罗说：“你已让我证明我不是上

瘾的人,可是这一个月我什么东西都做不出来。有天早上我起床,瞪着空白的纸张,什么思想也没有,我一点想法也没有,就像一个普通人,你让数学停滞了一个月!”厄多斯认为这是一个愚蠢的赌注。

于是他继续服用安非他命,数学问题和文章又源源而来。大家想他要吃药就让他吃,反正他的时间不多,数学如果因为他的吃药而有进展,这也不是一件坏事。

1987年11月,霍夫曼在《大西洋月刊》写了一篇关于厄多斯的文章,并讨论了厄多斯服食安非他命的习惯。厄多斯喜欢这文章,他说:“除了一点……你应该没有提到有关安非他命的东西。这并不是说你错了。只是,我不希望孩子认为他们必须采取药物才能在数学上成功。”

有一年在洛杉矶,厄多斯因不遵守交通规则而被扣,身上又没有身份证和现金。警察威胁说要把他送进监狱,于是厄多斯出示了他的一本厚厚的论文选集 *The Art of Counting*,卷首插图有他的满面笑容的照片。警察耸耸肩,权作它是他的身份证。后来加州大学洛杉矶分校(UCLA)的布鲁斯·罗斯柴尔德(Bruce Rothschild)替他支付了罚款。

厄多斯的照片及他的论文集

贫穷但有一颗黄金般的心

1997年1月10日,美国数学学会在圣地亚哥举行会议。加拿大数学家理查德·盖伊(Richard Guy)回忆厄多斯的一些往事:在30年前,他们一起参加意大利的会议,住在罗马的Parco dei Principi旅馆。

有一天厄多斯走过来问他:"盖伊,你要喝咖啡吗?"盖伊说他不太爱喝咖啡,当年一杯咖啡是一元美金,算来是相当贵,盖伊想知道厄多斯找他喝咖啡的原因,于是就进入咖啡室叫了两杯咖啡。

咖啡来了,厄多斯就说:"盖伊,你真是无穷的富有,借我一百美元!"

这令盖伊感到惊奇,不是厄多斯要向他借钱,而是厄多斯能给予他助人的机会。他说厄多斯比他更了解自身,从此他知道不但在物质上他是无穷富有,在精神上他有数学及能认识厄多斯,他真是富有的人。

厄多斯有一颗黄金般的心,经常慈善捐款。厄多斯每见到一个无家可归的人,总要给他些钱。拉曼(D. G. Larman)回忆道:"在20世纪60年代初,当我还是伦敦大学学院的一个学生时,厄多斯来这儿讲学一年。第一个月的工资刚发下来,厄多斯就在尤斯顿车站碰上一个乞丐找他要茶钱。他从放工资的口袋里留出支付自己简单生活的少量费用后把剩下的钱都给了乞丐。"

厄多斯到印度演讲,把他所得的报酬全数给了印度早逝天才拉马努金(S. Ramanujan)的遗孀。

厄多斯喜爱古典音乐,他可开收音机从清晨至半夜,当他得知艰难起步的古典音乐电台缺资金,他就会捐一些钱。他也捐钱给孤儿抚养所、以色列女校等,在他去世一年后,受他捐赠的组织还给他写信表示感谢。

40年代的时候,在洛杉矶的加州大学曾经有过为中国举行的募捐活动。人们知道他对女性没有兴趣,但同情内战受苦的人民,有"损友"向厄多斯提议,如果他跟他们一起去看脱衣舞,那么他们就捐献100美元。出乎众人的意料,厄多斯竟然同意了。当他们支付了100美元时,厄多斯眉开眼笑狡黠地说:"噢,我骗了你们。我取下了眼镜,便什么都看不到了!"

1983年,厄多斯与陈省身同获沃尔夫奖,但他只保留了720美元,其余奖金49 280美元,半数帮他匈牙利表弟买房子,其余半数捐出给以色列作为纪念父母的奖学金。

亚里士多德在《形而上学》中开篇的话就像讲厄多斯:"他们为求知而从事学术,并无任何实用的目的……我们不为任何其他利益而找寻智慧:只因人本自由。"厄多斯爱说:"有位法国社会主义者说私有财产是窃取之物,而我认为私有财产就是累赘。"

纽约库朗研究所数学和计算机科学教授乔尔·斯宾塞(Joel Spencer)和厄多斯合作,他说的下面这一段话已经能够说明厄多斯对数学精神的影响:"是什么使得我们这么多人聚集在他的圈子里?怎样解释我们在谈论他时获得的欢乐?为什么我们会喜欢讲述厄多斯的故事?我曾经对此思考过很多,我想这是一种信念(belief),或者说信仰(faith)。我们都知道数学的美,而且我们相信她的永恒。上帝创造了整数,剩下的都是人的工作。数学真理是亘古不变的,她存在于物理现实之外。举个例子,当我们证明了'若$n\geqslant 3$,则任两个n次幂之和都不会是n次幂'的时候,我们发现了一条真理。这就是我们的信念,是我们工作的动力。然而,对一个数学界以外的朋友解释这种信念,就像是对无神论者解释上帝。保罗实践了这种对于数学真理的信仰。他把他的全部聪明才智和超人的力量都贡献给了数学的殿堂。他对他的追求的重要性和绝对性毫不怀疑。了解了他的信仰，你就会产生同样的信仰。我有时会觉得，宗教界的人士比我们这些理性主义者更能够理解这个独特的人。”

用金钱刺激解决难题

厄多斯说：“上帝可能在宇宙万物中不掷骰子，但奇怪的事是正在素数中发生。”(God may not play dice with the universe, but something strange is going on with the prime numbers.)

厄多斯认为，上帝有一本天书，包含了所有数学定理与它们绝对最美丽的证明，当厄多斯要表达特别赞赏一个证明，他感叹地说：“这是一个天书里的定理!”

他问 $x^x y^y = z^z$ 是否有非 $x = y = z = 1$ 的整数解？在1940年，柯召发现以上的方程有无穷多解。现在问题是柯召发现的是不是全部的解？是否还有新的解可以找出来？

他与斯特劳斯猜想：对于任何整数 $n \geqslant 3$，方程：$\frac{4}{n} = \frac{1}{a} + \frac{1}{b} + \frac{1}{c}$ 可以找到满足 $1 \leqslant a < b < c$ 的整数解。这问题还没解决。斯韦特(A. Swett)证明猜想对所有 $n \leqslant 10^{14}$ 是正确的。见 Swett, Allan. “The Erdos-Straus Conjecture”. http://math.uindy.edu/swett/esc.htm. Retrieved 2006-09-09.

对于任何正整数 n，小于 n 且与 n 互素的数的个数是 $\phi(n)$，我们如果将这些数排列如下：$1 = r_1 < \cdots < r_{\phi(n)} = n-1$，厄多斯在40多年前猜想一定能找到一个固定的常数 C，使得

$$\sum_{i=1}^{\phi(n)} (r_{i+1} - r_i)^2 < C \frac{n^2}{\phi(n)}$$

他拿出 250 美元作为奖金,如果有人能证明或者反证这个猜想,就可以得到这笔奖金,可惜这问题还未解决。

他提出许多数学问题及一些猜想,有时还附上奖金,数目最低是 50 美元,然后是 100 美元、400 美元、500 美元,高的可达1 000、2 000、3 000 美元甚至 10 000 美元。他的同胞施米列迪(Szemeredi)在年轻时,就曾解决了他的一个问题而获得 1 000 美元的奖金。在他的"金钱刺激"之下,有许多人研究他所认为重要及有趣的数学难题。许多人就算后来解决了他的问题,也很少有人向其索取奖金。

有一个故事:他在以色列特拉维夫做了一个演讲,"鼓吹"他的猜想并提供奖金,首次证明或反驳他的猜想可得高达 10 000 美元。第二天早上做另一个演讲时,向他索取奖金的数学家排成一条长龙。

10 000 美元猜想:连续素数往往相距甚远。猜想:对于每一个实数 C,有无限多第 n 个素数和第 $n+1$ 个素数之间的差超过

$$C\log(n)\log(\log(n))\log(\log(\log(\log(n))))/\log(\log(\log(n)))^2$$

100 和 25 000 美元猜想:先定义什么是"早期素数",一个早期素数是指小于其相邻两素数的算术平均的素数。2,3,5,7,11,13,17 里 3,7,13 是早期素数。早期素数猜想:连续早期素数对有无穷多个。更大的奖额将被授予一个反证。

整数序列 1,2,3,4,5,…有这样的性质

$$1+\frac{1}{2}+\frac{1}{3}+\frac{1}{4}+\frac{1}{5}+\frac{1}{6}+\cdots\cdots=\infty$$

厄多斯提出了如下猜想,并悬赏 3 000 美元证明:如果任意整数数列 $a_1, a_2, a_3, a_4, \cdots$ 具有性质

$$\frac{1}{a_1}+\frac{1}{a_2}+\frac{1}{a_3}+\frac{1}{a_4}+\frac{1}{a_5}+\cdots=\infty$$

那么我们一定可以在这数列里找到任意长的等差数列。

这结果如果能证明的话，我们将知道许多美妙的数学定理，譬如说我们考虑素数数列 $\{p_1, p_2, p_3, p_4, p_5, p_6, \cdots\}=\{2, 3, 5, 7, 11, 13, \cdots\}$。

欧拉证明这些素数的倒数和

$$\frac{1}{2}+\frac{1}{3}+\frac{1}{5}+\frac{1}{7}+\frac{1}{11}+\cdots=\infty$$

因此我们可以找到由素数组成的任意长的等差数列。

2004 年 4 月 18 日，加拿大不列颠哥伦比亚大学的本·格林(Ben Green)和美国加州大学洛杉矶分校(UCLA)的陶哲轩(Terence Tao)两人宣布：他们证明了“存在任意长度的素数等差数列”，也就是说，对于任意值 k，存在 k 个成等差数列的素数。

例如 $k=3$，有素数序列 3,5,7(每两相邻素数差是 2)。

$k=4$，素数序列 11,17,23,29 是含 4 个素数的间距为 6 的素数等差数列。

$k=10$，有素数序列 199,409,619,829,1 039,1 249,1 459,1 669,1 879,2 089(每相邻两数差 210)。

他们将长达 50 页的论文——《素数含有任意长度的等差数列》——张贴在当日的预印本网站上，并向美国的《数学年刊》(*Annals of Mathematics*)投稿。

这问题有中学数学程度的人就可明白，但解决不容易。

乌拉姆去世后，厄多斯说：“他真的很幸运，并没有遭受年迈体衰和老年痴呆这两大恶魔的折磨，他在依然还能求证、还能猜想的时候猝死于心脏病，死时没有痛苦，没有恐惧。”1996 年 9 月 20 日保罗也是如此：两次心脏病发作而去世，去世前他开玩笑说："一天一个医生，不需要任何苹果。"我把他的话改一下："一天两次心脏病发作，永远不需要任何医生。"

在布达佩斯举行了厄多斯的葬礼，超过500人出席。他的遗体火化，骨灰被埋在他母亲的遗体旁。

金芳蓉在《厄多斯论图以及未解决的问题》中有一篇《回忆厄多斯》的文章讲述与他工作的体会："在数学中，保罗善于识别问题的序列，从具体和重要的特别情况，到同时提供洞察力的一般性问题，推动基本理论。与保罗工作像爬山。每次当我认为我们已经达到了目标，并当之无愧应休息一下，保罗指出另一座山的顶部，要我们继续前去。他强大的直觉就像一盏指路明灯，他通常提前行进没有任何犹豫。有时，他可能会犯错误，但一个失误只会加强他的决心(和提醒我们有人类的这位伟人)。"

金芳蓉和葛立恒写的厄多斯论图论问题的书

葛立恒说，厄多斯死后遗留约25 000美元，在1996年11月由厄多斯的朋友的一个委员会决定，设立以厄多斯的名字的奖励。金芳蓉和葛立恒决定还是赞助厄多斯图论中的问题，发表在《科学》杂志的一篇文章意味着他们仍然赞助厄多斯的一般问题。如果你解决厄多斯的有奖问题，葛立恒可以给你一张厄多斯签署的支票作为奖品，或由葛立恒本人签署可兑现的支票。

下面列出几本厄多斯的书，他的思想深刻与前瞻性依然值得后人学习与发展。

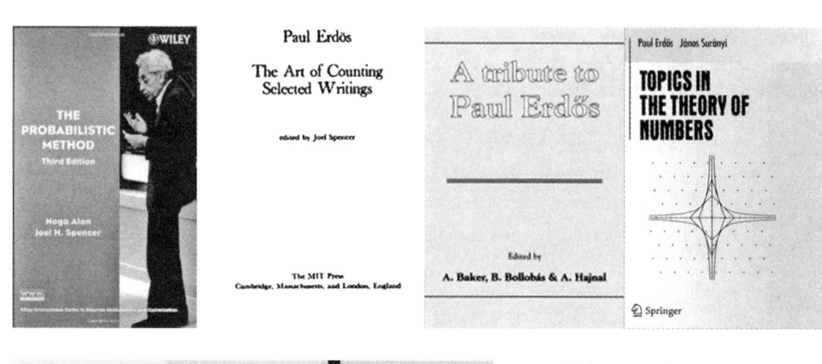
WILEY
THE PROBABILISTIC METHOD
Third Edition
Noga Alon
Joel H. Spencer
Paul Erdös
The Art of Counting
Selected Writings
edited by Joel Spencer
The MIT Press
Cambridge, Massachusetts, and London, England
A tribute to Paul Erdős
Edited by
A. Baker, B. Bollobás & A. Hajnal
Paul Erdős János Surányi
TOPICS IN THE THEORY OF NUMBERS
Springer

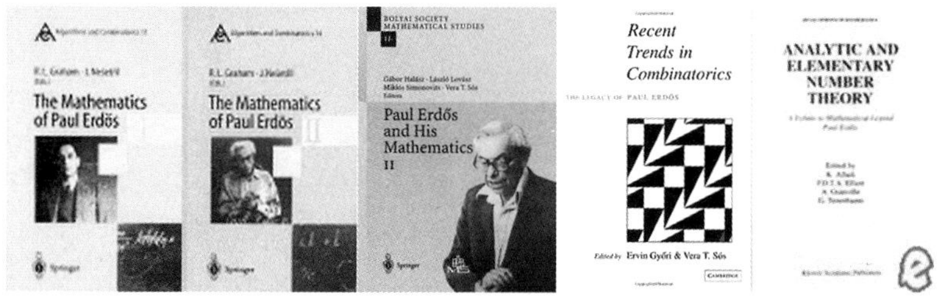
The Mathematics of Paul Erdős
The Mathematics of Paul Erdős
II
BOLYAI SOCIETY MATHEMATICAL STUDIES
Paul Erdős and His Mathematics
II
Recent Trends in Combinatorics
THE LEGACY OF PAUL ERDŐS
Edited by Ervin Győri & Vera T. Sós
ANALYTIC AND ELEMENTARY NUMBER THEORY

厄多斯的部分著作

5 最奇怪的人

——诺贝尔物理学奖获得者保罗·狄拉克

一个物理定律必须具有数学美。

——狄拉克

科学所关注的只是可观察的事物。

——狄拉克

原先，我只对完全正确的方程式感兴趣。然而我所接受的工程训练教导我要容许近似，有时候我能够从这些理论中发现惊人的美，即使它是以近似为基础……如果没有这些来自工程学的训练，我或许无法在后来的研究中做出任何成果……我持续在之后的工作运用这些不完全严谨的工程数学，我相信你们可以从我后来的文章中看出来……那些要求所有计算推导上完全精确的数学家很难在物理上走得很远。

——狄拉克

研究工作者只是普通人，而且，如果他抱有极大的希望，那他也会感到极大的恐惧。(我难以想象某个人能一直怀抱极大的希望而不在其

中连带着极大的恐惧。)结果是,他的行动备受影响,他不能将注意力牢牢地集中在正确的发展逻辑上。 ——狄拉克

有一次我到美国佛罗里达州的博卡·拉顿(Boca Raton)开会,遇见了在那里大学执教的好朋友姚如雄(Paul Yiu)教授,我们有许多相似的爱好:喜欢数论、代数、中国数学史,收藏数学书,谈论数学和数学家的工作。

有一次他开车和我去餐馆吃饭的途中,突然问我:"你最喜欢的数学家是哪一些?"我回答:"当然第一个是欧拉(L. Euler),他是数学大师,我在成长过程中,曾从他的书中汲取许多宝贵的知识。"

结果我发现他正在读欧拉的拉丁文原始著作,而且那一年的夏天他还准备为中学数学教师开暑期课,用欧拉的一些工作为教材,教他们学习欧拉。

可是我没有告诉他还有两个人也是我最喜欢的数学家:一个曾是法国布尔巴基学派领袖之一的格罗滕迪克教授(他是菲尔兹奖获得者),另一位是保罗·狄拉克(他是1933年诺贝尔物理学奖的获得者)。

事实上我少年时很喜欢物理,有两个人给予我很大的帮助:一位是我中学时的物理老师陈煜乐先生,另外一位是我大学时的物理助教郭本源先生。陈煜乐先生希望我能走进物理学的领域,给予我一些像哈代的原版数学书,很可惜我由于手脚笨拙不喜欢做物理实验,结果不去搞物理反而往数学发展。

通过陈煜乐先生的协助,我和郭本源助教生活在一起,他像兄长一样照顾我的生活和学习。郭本源在许多地方和狄拉克相似,对真理的执着追求,对物质生活的低调处理,沉默寡言,可是在讲到爱因斯坦相对论和狄拉克的磁单极的工作时,能激发我的兴趣,

把我引进了神奇的物理世界。

2009年8月英国伦敦科学博物馆高级研究员、美国西北大学物理系副教授格雷厄姆·法梅洛(Graham Farmelo)写的传记作品《最奇怪的人——保罗·狄拉克的隐秘人生,神秘原子》(*The Strangest Man: The Hidden Life of Paul Dirac, Mystic of the Atom*)由美国Basic Books出版社推出。今天我就用他的书名作文章标题谈谈我所崇拜的物理学家和应用数学家狄拉克(1902—1984)。

狄拉克的童年和少年

狄拉克全名是保罗·阿德里安·莫里斯·狄拉克(Paul Adrien Mourice Dirac),他发表论文时简写成P. A. M. Dirac,有很长时间人们不知道P. A. M.是什么意思,给予了各种不同的猜测。

他的祖先是法国人,住在狄拉克村,在拿破仑战争时为逃避战祸,移民到瑞士的日内瓦。狄拉克的父亲查尔斯生于瑞士的法语区,20岁时反抗家庭,离家到日内瓦大学读书,1890年来英国靠教法文为生,以后到布里斯托尔(Bristol)技术学院当教师,1899年与一个船长的女儿结婚,生下二男一女。保罗·狄拉克排行第二,底下有一个小他4岁的妹妹,上面有一个大他2岁的哥哥。狄拉克生于1902年8月8日。

保罗·狄拉克

作为一个外国人,他的父亲没有融入英国人圈子,他住在英国29年之后才归化成英国人,而他的孩子出生后都注册为瑞士人，保罗・狄拉克一直到17岁时才正式归化成为英国人。

他的父亲年轻时因为反对家庭压迫，离家出走，而成为父亲之后却相当的专制，对太太和孩子管得很严，他要求在餐桌上只能讲法文，太太不会说法文，于是不能上桌，而孩子们只能用法文交谈。

这造成了小狄拉克不喜欢开口讲话，免得"言多必失"被父亲责骂。这样的习惯养成，使得他以后可以不开口讲话就不讲，给人孤僻的感觉。

12岁时狄拉克到商业职业技术学校读书，他父亲在那里任教。与那时英国许多学校不同的是，商校不重视古典文学和艺术，只是重视理论科学、实用科学和现代语言。狄拉克在学校表现得不错，数学使他着迷。他阅读了大量的、超过他这个年龄所能接受的数学书籍。他是个心智早熟的孩子，但也没有被认为是一位杰出的天才，仅在数学上表现出异常的兴趣和才能。

有一天，数学老师给他们一个"3个渔民和鱼的问题"：有3个渔民捕获 N 条鱼。第二天早晨，其中之一醒来。他希望采取1/3平分，但是这个数字 N 不是3的倍数，所以他投掷一条鱼回池塘，得到剩下的1/3离开。

第二个渔民不知道他的一个朋友已经走了。当他醒来时，也想平分1/3鱼，但他看到剩下的鱼数不是3的倍数，所以，他抛出一条鱼回池塘，带走剩下的1/3离开。

第三个渔民不知道他们走了，也做同样的事情，所以他抛出一条鱼回池塘，并取余下的1/3。他们捕到鱼的数目 N 最少是多少？

其他聪明的同学发现传统的答案：25。

($25-1=24$，$24-8=16$，$16-1=15$，$15-5=10$，$10-1=9$，$9-3=6$。)

但是,狄拉克更进了一步,因为他发现了一个更小的答案,就是说渔夫抓到 $N=-2$ 条鱼。

$(-2-1=-3,\ -3-(-1)=-2,\ -2-1=-3,\ -3-(-1)=-2,\ -2-1=-3$。)

$N=-2$ 的优点是,它是一个固定点。当然,在现实中,负数条鱼并没有意义。但是,如果我们只考虑整数解,那么它在一定意义上说是最好的答案。

狄拉克在 1928 年为解释狄拉克方程的自由粒子(例如电子)解中出现反常的负能量态而提出的真空理论——狄拉克海(Dirac sea)假说。他提出一个真空中实际充满了无限多的具有负能量的粒子态,因而这样的真空模型被称作"狄拉克海"。狄拉克在这个真空中假想了正电子的存在,它们作为电子的反物质粒子,被认为是狄拉克海中的一个个洞;而正电子的存在则在 1932 年由卡尔·安德森在实验中证实。

我们可以想象,狄拉克中学时以这种自然的方式思考"3 个渔民和鱼的问题"的负数解,帮助他未来处理狄拉克方程时提出了狄拉克海负能量的解决方案。从这个意义上说,他可能已经被注定从理论上发现反物质了。

狄拉克念电机系

狄拉克跳级读完中学,在中学自学了相当高深的数学,高中毕业之后,他去布里斯托尔大学念电机系,在 19 岁时获得电机系的学士学位。尽管以第一级荣誉工程学士的成绩毕业,在当时英国战后经济衰退的环境下仍无法找到工程师的工作。因此,他选择免学费攻读布里斯托尔大学两年数学学士学位的机会。

1921 年至 1923 年,狄拉克专攻数学,特别是应用数学。尽管他没有独自研究什么课题，但仍然坚持不懈地钻研，并被带进了一个纯数学推理的世界，这与他以前遇到的工程学方法有本质上的不同。他在那儿有两个非常优秀的老师——弗雷泽和哈塞，他们很快就认识到他的杰出才能。弗雷泽和哈塞都来自剑桥，且一致认为狄拉克应该到剑桥去完成他的研究生学业。1923 年他再度以第一级荣誉的成绩毕业并获得 140 英镑的奖学金。加上来自圣约翰学院的 70 英镑，他进入剑桥大学的圣约翰学院作为数学研究生。在 1926 年 24 岁时凭题为《量子力学》的论文获得博士学位。第二年成为圣约翰学院的院士(fellow)，6 年后变成鼎鼎有名的“卢卡斯数学教授”。

在研究生涯中，狄拉克经历了两次低潮：第一次，狄拉克了解海森伯关于矩阵力学的设想后，计算出了结果，他将结果寄给海森伯，海森伯复信：“先生，您迟到了，结果已由德国的玻恩和约当做出。”第二次，狄拉克出色地证明了矩阵力学和氢分子实验数据的吻合，不过，命运又一次和他开玩笑，他比泡利相同的研究成果公布仅仅慢了 5 天。

二战时担任新泽西州普林斯顿高等研究院院长的奥本海默(Julius Robert Oppenheimer，1904—1967)负责“曼哈顿计划”制造原子弹，奥本海默邀请狄拉克来美国从事制造原子弹的科研工作，但狄拉克不想离开剑桥大学。1969 年狄拉克是奥本海默奖的第一位获奖者，他怀念奥本海默：“我特别高兴地能够获得奥本海默奖，因为我是奥本海默的好友和钦慕者。我认识他已经超过 40 年了。在学生时代，我们还曾经一起在格丁根待过一段时间。我们住在同一所寄宿学校，去听同样的课程并且发现我们对于课堂外的事物同样抱有兴趣。我们都喜欢漫步，偶尔还一起花上一整天走过整个乡间。这段时间之后，我遇见过他许多次，因而得以发现他所拥有的令人叹服的特质，特别是他作为研讨会或座谈会主席的才能。他思维迅敏，可以使他捕捉到讨论的要点；如果报告上有什么地方没有解释清楚,或是对某些听众提出的问题,报告人不能明确地表达出来的话,为使每个人都能获知明确的观点及让讨论会条理清晰地进行下去,奥本海默通常都会出面,以一种正如所需的简洁方式解释一遍。他的英年早逝,是科学界也是我们的一大损失。因为我与他深厚的个人情谊,我尤其能感觉到这种损失之巨。"

1931年他预言反粒子的存在以及电子-正电子对的产生和湮没,进一步提出关于"磁单极"存在的假设,论证了以磁单极为基础的对称量子电动力学存在的可能性;1932年安德森在宇宙射线中果然发现了正电子,不久布雷赫特在用云室观察宇宙线时又发现了电子-正电子对成对产生和湮没的现象;1932年与福克和波多利斯基共同提出多时理论;1933年提出反物质存在的假设,假定了真空极化效应的存在,与薛定谔一起获得1933年度诺贝尔物理学奖,那是他写完博士论文7年后。

他30岁被任命为剑桥大学的"卢卡斯教授",这是应用数学教授,两百年前大物理学家及数学家牛顿(Isaac Newton, 1643—1727)也是具有"卢卡斯教授"头衔。

与狄拉克共同获得诺贝尔奖的薛定谔

狄拉克与薛定谔一起获得1933年度诺贝尔物理学奖,他对好友卢瑟福说想拒绝这个荣誉,因为他讨厌名声,讨厌公众媒体的大肆议论和宣传。卢瑟福熟知他的脾气性格,将计就计地告诉他,如果不领奖,名声会更响,会带来更大的麻烦。伦敦报纸曾这样评价这位诺奖得主:"像羚羊一样害羞,如女王的仆人一样谦逊。"

1935 年 7 月他曾来中国，在清华大学做关于正电子的演讲，并曾被选为中国物理学会名誉会员。

他留在剑桥一直到 67 岁退休为止。后来狄拉克由于女儿住在美国佛罗里达州，为了要靠近女儿的家居住，申请来佛罗里达的塔拉哈西（Tallahassee）佛罗里达州立大学执教，1984 年 10 月 20 日以 82 岁高龄去世。

剑桥大学卢卡斯教授狄拉克

量子电动力学的创始人之一

在 1925—1928 年间，一批欧洲年轻的物理学家建立了量子力学，狄拉克是其中之一。德国物理学家海森伯（Werner Heisenberg，1901—1976）从 1924—1927 年在格丁根担任讲师。1924 年 9 月 17 日至 1925 年 5 月 1 日，由于一项国际教育委员会洛克菲勒基金会奖学金的支持，海森伯与哥本哈根大学物理系主任玻尔（N. Bohr）进行研究。之后他回到格丁根和玻恩（1954 年获诺贝尔物理学奖）共事并共同发表了矩阵力学。

1925—1926 年海森伯着手试图解开原子结构秘密，认为必须只考虑可观测的量，经玻恩和约当的协助，设法推出了量子力学的数学结构。量子力学动摇了古典物理的基础，它是关于原子和粒子、场及作用、化学和分子生物学的现代理论。

海森伯在 1924 年出版的《物理学及其他》中写道："相信应该不考虑原子里有电子轨道的问题，而应该只用和谱线强度相联系的频率和振幅来处理,作为轨道的十全十美的代替。这两种量人们能直接观测,正合乎拉博特所说:'试图解开原子之谜,物理学家必须只考虑可观测的量。'"

"……玻尔的教导,这一过程(指从一状态跳跃到另一个状态的过程)不能用传统的概念来描写,也就是说不能作为时间和空间上的过程描写。"

"……可以肯定的是,我们必须离开在时间和空间上的客观过程这个概念。"

原先,狄拉克希望研究他一直感兴趣的相对论,然而在拉尔夫·福勒的指导下,狄拉克开始接触原子理论。福勒将原子理论中最新的思想如尼尔斯·玻尔等人的理论介绍给了狄拉克,对此狄拉克曾回忆道:"还记得我头一回看到玻尔的理论,我相当惊讶……让人惊奇的是在特定的条件下,我们居然能将牛顿定律用在原子里的电子上。第一个条件是忽略电子辐射,第二则是放入量子条件。我仍记得很清楚,玻尔的理论当时给了我多大的震撼。我相信在发展量子力学上,玻尔引入的这个概念是最大的突破。"

尼尔斯·玻尔

之后狄拉克也尝试着将玻尔的理论做延伸。1925 年海森伯提出了着眼于可观测的物理量的理论,当中牵涉到矩阵相乘的不可交换性。

狄拉克起初对此并不特别欣赏,然而约两个星期之后,他意识到当中的不可交换性带有重要的意义,并且发现了古典力学中泊松括号与海森伯提出的矩阵力学规则的相似之处。基于这项发现,他得出更明确的量子化规则(即正则量子化)。这份名为《量子力学》的论文发表于1926年,狄拉克也由这项工作获得博士学位。

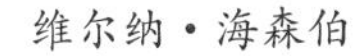

维尔纳·海森伯

狄拉克(左)和海森伯(1968年7月1日)

23岁的狄拉克是这场近代物理革命的领导者。他25岁时发现狄拉克方程,非常精确地描述电子的行为,这工作导致1933年诺贝尔物理学奖颁给他。

在玻恩1956年写的《我这一代的物理学》里说:"我们必须坚持认为矩阵理论、狄拉克的非可换代数、薛定谔的偏微分方程,这些不同的表达是在数学上彼此等效的,合在一起形成一个单一的理论。"玻恩回忆到他第一次看狄拉克的文章:"我记得非常清楚,这是我一生的研究经历中最大的惊奇之一。我完全不知道狄拉克是谁,可以推测大概是个年轻人,然而其文章每个部分都相当完美且可敬。"

1945—1952年狄拉克在剑桥大学开量子力学课。他那时的声望如日中天,不止一些政府职员、战后退伍士兵、海外回归的学生,数学、物理、生物、化学系的学生,甚至哲学系的学生都跑来听课。

有一天,狄拉克进入教室,看到挤满的学生有些惊讶,就说:

“这是谈量子力学的课。”他以为大部分的学生进错教室，听到他这么说就会离开。

可是没有一个学生走出教室，于是他再大声地说一遍：“这是量子力学的课！”

没有人走开，于是他就上课。

有人问一个上课的学生：“你明白狄拉克教授写在黑板上的东西吗？”

这学生回答：“不！”

“那么你为什么从不间断地上他的课？”

“我只知道一部分，大多数的数学语言我是不明白。然而，我想我有一天可以对人说我是上过狄拉克的量子力学课的学生之一。”

狄拉克建立一个量子力学的方程，其特别之处在于，既包括正能态，也包括负能态。狄拉克由此做出了存在正电子的预言，认为正电子是电子的一个镜像，它们具有严格相同的质量，但是电荷符号相反。

狄拉克的想法提出后的第四年，美国物理学家安德森在研究

狄拉克在上课

宇宙射线簇射中高能电子径迹的时候，奇怪地发现强磁场中有一半电子向一个方向偏转，另一半向相反方向偏转，经过仔细辨认，这就是狄拉克预言的正电子。后续的实验则全都印证了狄拉克预言的正确性。

这就是被科学界称为最美的"对称"研究思路。

杨振宁在1991年发表了《对称的物理学》一文，提到他对狄拉克的看法："在量子物理学中，对称概念的意义深远的结果的另一个例子是狄拉克预言反粒子的存在。我曾把狄拉克这一大胆的、独创性的预言比之为负数的首次引入，负数的引入扩大并改进了我们对于整数的理解，它为整个数学奠定了基础。狄拉克的预言扩大了我们对于场论的理解，奠定了量子电动场论的基础。"

这是非常形象地描绘狄拉克的成就。

在他去世十周年时，国际物理学界举行了一场纪念他的会议，现任剑桥大学卢卡斯教授的斯蒂芬·霍金(Stephen Hawking，研究宇宙创造和黑洞的权威)说："狄拉克是牛顿之后英国最伟大的理论物理学家，如果狄拉克把他的方程式申请专利，他将会是世界上最富有的人之一。每一台电视机和计算机要付给他版税，积少成多富可敌国。"他的发现对医学上如质子扫描仪、甚至对科幻小说《星际旅行》(*Star Trek*)都有影响。

沉默寡言的科学家

狄拉克以他的沉默寡言而出名。他太太的弟弟尤金·维格纳(Eugene Wigner，1902—1995)是一个物理学家，也获得诺贝尔物理学奖。有一次和他及另外一个物理学家共进早餐，维格纳和那位物理学家为一个物理问题争论得很热烈，狄拉克从头到尾不置一词，没有表示任何意见。

早餐完后，维格纳性急地问：“保罗，我们想听你的看法，为什么你不说话？”

狄拉克冷冷地说：“往往想讲话的人比想听的人还多。”他讲完仍保持沉默。

有一位和狄拉克在剑桥大学同事多年的物理学家说，如果要和狄拉克讨论问题，最好是把问题直截了当地提出，不要有枝枝节节的废话，而狄拉克通常是会看天花板五分钟，然后转看窗口五分钟，再回答“是”或“不是”，非常简捷。

曾当爱因斯坦助手的波兰物理学家英费尔德（Leopold Infeld），1933年来剑桥大学做研究，狄拉克的导师建议英费尔德去和狄拉克做正电子的研究，于是英费尔德去敲在圣约翰学院狄拉克的办公室。

狄拉克微笑地开门，请他坐下，一言不发地看他。英费尔德用结巴巴的英文表示自己的英文不是太流利，他想这样狄拉克会开始讲话了。

可是狄拉克仍微笑不语地看着他，令英费尔德很尴尬，于是就直接地说：“我想做正电子的研究，你不会反对和我合作吧？”狄拉克回答：“不！”就没有再讲话。

英费尔德提出一个问题，拿起笔要写一个公式。狄拉克就拿一张纸给他，可是英费尔德的墨水笔却没有墨水了，狄拉克沉默地把自己的笔传给他。

英费尔德写了公式，问狄拉克的意见。狄拉克只讲一句只有五个词的英文句子。英费尔德后来花了两天时间思考才明白这句子的意思。

最后英费尔德想要告辞，就问：“如果我研究有困难，你不介意我再麻烦你吧？”

狄拉克说：“不！”

英费尔德心里十分惊奇和消沉，怎么这个人那么难以沟通。

爱因斯坦的助手英费尔德(右)

狄拉克的导师安慰英费尔德说狄拉克是这个样子,对人还是很真诚的,不要被表面的冷漠吓坏了。

在1950年,狄拉克的一个研究生迪尼斯·西阿马(Dennis Sciama)兴冲冲地敲狄拉克的办公室门。

一见到开门的指导教授,西阿马就说:"狄拉克教授,我想到一个把星球形成和宇宙问题联系的方法,我能告诉你我的想法吗?"

狄拉克当时要考虑一些问题,于是就对他说:"不!"整个谈话就结束了。

海森伯有一次和狄拉克同乘一艘轮船由美国到日本去,海森伯喜欢社交生活,每晚都会和不同的异性跳舞。狄拉克却只是孤单地坐在那里看人跳舞。

有一次海森伯跳完舞就跑来坐在狄拉克的身旁。狄拉克就问:"海森伯,为什么你跳舞?"

海森伯说:"噢!这里有许多好姑娘,跳舞是令人愉快的!"

狄拉克思索了差不多五分钟后,就问:"海森伯,你怎能预先知道这些姑娘是好的呢?"

有一个女孩非常敬佩狄拉克,她写了许多信给狄拉克,但他不是每一次都回答。当女孩表示抱怨时,狄拉克便把信件和问题编号，并逐一回答每个问题，如“信件号码四，问题……答案……信件号码五，问题……答案……”难怪狄拉克在35岁才结婚。

有一次一位法国物理学家到狄拉克家里讨论物理问题，他的英文讲得不好，用一半法文一半烂英文，费尽九牛二虎之力想要表达自己的意思，狄拉克静静地听却没有什么表示。

过了一段时间，狄拉克的妹妹进入房间，用法文和哥哥交谈。这位访客发现狄拉克用很流利正确的法文与妹妹交谈，大吃一惊。原来从小到大，狄拉克的父亲要他们在家里讲法文，长大之后，兄妹的交谈都是用法文。

这位访客很生气地说：“为什么你不告诉我你会讲法文？你害我花了许多精力用英文和你交谈。”

狄拉克简短地说：“你从来没有问我。”

1930年泡利（Wolfgang Pauli，1900—1958）提出存在中微子的基本粒子假说：原子核除了质子和电子外，还存在一种自旋为1/2的电中性粒子。他与哥伦比亚大学的拉比（I. I. Rabi）交谈，还认为：“我认为我比狄拉克聪明，我不认为我将发表它。”1940年中国科学家王淦昌提出检验中微子存在的方法，一直到1952年实验才证实中微子的存在。

泡利45岁生日

泡利有一次和狄拉克乘火车,火车在原野开了一个小时,狄拉克完全没有开口,泡利为了打破沉默于是指着窗外出现的一群羊。

“看来,这群羊刚被剪下毛。”

狄拉克注视窗外,然后迟缓地回答:“……至少从我们这一边看是这样子的。”

有一次一个外国的访问学者拜访狄拉克之后和他一起在学院共进晚餐。

访客为了打破沉默,就对身旁的狄拉克说:“今天外面风很大。”

狄拉克听他这么说之后,就站起来走开。

访客想:“糟了,我这样谈天气的话,一定令他觉得无聊,他跑走了。”

只见狄拉克打开门,把头伸出去,过一会转身回来,坐回他的椅子,说:“是的!”原来他为了验证这话是否正确,在观察之后才说出自己的看法。

他就是那种“没有调查就没有发言权”的信服者。

狄拉克是一个狂热的登山者,登上过知名的山峰高加索的厄尔布尔士(Elbruz)山。在游览时,狄拉克经常会爬上树。人们常会看到剑桥大学校园山丘外面,穿着黑色西装爬上树的狄拉克。

生活朴实得像苦行僧

狄拉克一生把物质享受放在一边,而注重学术的追求,他不喝酒,不抽烟。他只喝水,而且数量很多,他并不注重舒适的生活和物质享受。

有一个学生在 1931 年写信给父母说:“狄拉克像是喜欢甘

地的思想。他对寒冷、不舒适、食物都不在意。我们从伦敦的皇家学会回来，我请他吃晚餐。这是一顿蛮好的晚餐，可是我想如果我只给他一碗汤，他也不会介意。他去哥本哈根是走北海的路途，他说他想要治自己的晕船毛病。他不会假装思考他没有真正考虑的问题。在伽利略的那个年代他会是一个心满意足的殉难者。”

他几次到苏联，那里的生活并不舒服，物质也缺乏，可是他却能容忍这些不方便，目的是去探望他的好朋友。甚至在离开前把他的皮大衣留下来给他的朋友，使朋友对他无私的爱护非常感动。

玻尔说：“在所有的物理学家中，狄拉克有最纯洁的灵魂。”

第一个获得诺贝尔物理学奖的穆斯林是阿卜杜斯·萨拉姆(Abdus Salam, 1926—1996)，萨拉姆是狄拉克在剑桥大学教过的学生，他后来成为意大利特里斯塔(Trista)的国际理论物理中心(International Centre for Theoretical Physics)的主任。他把他在1979年得的诺贝尔奖奖金全部捐给该中心。

萨拉姆纪念邮票

在狄拉克去世之后，萨拉姆谈到他和狄拉克的一次交谈。萨拉姆问狄拉克，什么东西他认为是他在物理上最大的贡献？

他说：“是泊松括号(Poisson bracket)。”

泊松(Simeon Denis Poisson, 1781—1840)是法国数学家，他利用数学工具在力学上有很大的贡献，现在以他的名字命名的有泊松积分、泊松方程式、泊松常数等。

萨拉姆很惊奇狄拉克这么说，请他详细解释，因为萨拉姆以为他会讲那是他的电子方程。

狄拉克说他很长时间寻找量子力学上类似泊松括号的东西。有一个星期日他发现如果两个非可换的运算子 A 和 B，取它们的乘积 AB 与 BA 的差，即 $AB-BA$，这个新的运算子具有古典的泊松括号的许多性质。

可是他手头上没有任何力学的书籍可以参考，他只好耐心地等到星期一大学图书馆开门，他去查书以确定是否他的表示式满足所有的量子泊松括号所具有的条件。

有很长时间狄拉克为他自己的发现欣喜若狂。可是后来他发现哈密顿已在上个世纪发表的一篇论文的附注里提过了同样的发现。

有一次萨拉姆在狄拉克面前批评爱丁顿（A. Eddington）写的《基本理论》（*Fundamental Theory*）一书。萨拉姆说他相信如果爱丁顿不是剑桥大学的教授，没有人会出版该书。

狄拉克沉默不语，过了一段时间他说了一句简短的话："不应该以一个人最差的工作来评价他，而是以他最好的工作来论断。"

萨拉姆说这是对他最好的教育。萨拉姆评价他："狄拉克——毫无疑问是这个世纪或任一个世纪最伟大的物理学家之一。1925年、1926年以及1927年他三个关键的工作，奠定了其一量子物理、其二量子场论以及其三基本粒子理论的基础……没有人，即便是爱因斯坦，有办法在这么短的期间内对本世纪物理的发展做出如此决定性的影响。"

狄拉克不像一般人喜欢说人家的短道自己的长。

当瑞典皇家科学院宣布狄拉克与薛定谔是1933年诺贝尔物理学奖的共同获得者时，他却对卢瑟福教授（也是诺贝尔奖获得者，他的学生和助手共有八人获得诺贝尔物理奖）说他不想出名，他想拒绝这个荣誉，那时他才31岁。

可是卢瑟福对他说："不可以这样做，如果你做这蠢事，你会更出名，人家更要来麻烦你。"

后来他被推选为皇家学会会员。消息公布当天，他躲进动物园，不让记者来采访他。

有一次狄拉克和他的一个研究生休姆(H. R. Hulme)乘火车从剑桥到伦敦参加一个会议，在回来途中狄拉克发现有东西在休姆的衣袋作响。

休姆解释他要吃一些药剂，从剑桥出发他带了满满一瓶，所以药瓶没有声音，等到伦敦后，他吃掉一些，因此现在在火车行驶时，药剂和药瓶碰撞就会发出声音。

狄拉克沉默思考一会，然后就说："我想这药瓶发出声音最大的时候所剩药片量是整个容量的一半时。"

有一天他的学生去办公室找他，惊异地发现他桌子上有一块马蹄铁。他的学生就好奇地问："狄拉克博士，你真的相信马蹄铁会给你带来好运？"

狄拉克简短地回答："我明白这块东西会给你带来好运，不管你相信或者不相信。"

在美国定居

为了和女儿玛丽住得近一点，从1968—1972年他作为理论研究中心(Center for Theorectical Studies)的研究员定居在美国的佛罗里达州。

对一流的科学家狄拉克，放弃物理世界领先的英国剑桥大学那里的优越环境，跑到美国排名83的二流大学佛罗里达州塔拉哈西的州立大学，人们感到惊讶。俗语说"人往高处走，水往低处流"，狄拉克的选择是不合理的做法。许多教授不相信狄拉克会久住美国，认为物理系提供了一个职位给狄拉克这是不明智的做法，因此纷纷反对。系主任在教授会议上宣布："能拥有狄拉克在物理系，就好比英语系聘用了莎士比亚。"结束了教授们的反对。

狄拉克1964年在普林斯顿高等研究院

这个时期是美国学生运动风起云涌、黑人民权运动蓬勃发展的时期。当时他所在的迈阿密大学时常有学生抗议及示威的活动，狄拉克有几次站在学生的集会听学生演讲。

1970年5月发生了俄亥俄州的肯德州立大学的学生被警察枪杀的事件。两天之后在迈阿密大学有7 500名学生集会抗议这悲惨事件的发生。

当时校方代表亨利·金·斯坦福教授准备和学生对话，他见到狄拉克从集会群众中走出来问他："你怕不怕？"

斯坦福教授说："不怕。"

狄拉克说："告诉他们你的想法，并听他们所说的话。"

狄拉克和他的家人

狄拉克同情这些悲愤的学生，希望当局能和学生沟通，要斯坦福听听年轻人的话，这使斯坦福留下深刻的印象。

狄拉克在美国年纪已大，可是仍像年轻人一样工作，他是多产的，在12年内写了60余篇论文。他爱走路，时常从住的地方走5英里（约8公里）的路到工作的办公室，而且佛罗里达的气候温暖舒适，他常常在室外游泳。

狄拉克爱看米老鼠动画片、侦探小说。他偶尔也会和朋友去电影院看电影，有一次他和一位同事去电影院看《瑞士罗宾逊家庭》，一部讲一个瑞士家庭旅行发生意外流落荒岛自力更生的故事，出乎意料地整个戏院只有他们两个成人，其余都是儿童在观看。斯坦利·库布里克执导的科幻故事片《2001》也是他喜爱的影片之一。

狄拉克年轻时发现的波动方程式，把狭义相对论引进薛定谔方程。如果以数学观点来看，相对论和量子力学不但不同而且是互相排斥的，可是狄拉克却天才地“矛盾统一”，把它们有机地结合在一起。

他是科学史上的巨人，和爱因斯坦同样受人敬重，可是他却终生虚怀若谷，对年轻的科学家是相当提拔和照顾。

他的公式就像爱因斯坦的 $E=mc^2$ 那样，改变了20世纪及以后人们的生活。

1963年7月狄拉克与妻子于哥本哈根

狄拉克安息之处，玫瑰园墓地

狄拉克在 1984 年 10 月 20 日去世，他葬在塔拉哈西的玫瑰园墓地（Roselawn Cemetery），他的太太曼琪（Manci）与之合葬。

伦敦威斯敏斯特寺的狄拉克方程

他一生害羞不要出名。在他去世之后，他所在的大学把图书馆命名为“狄拉克图书馆”来纪念他。1995 年 11 月 13 日，英国政府在伦敦威斯敏斯特大教堂紧挨着伟人牛顿的纪念碑的地方，立了一个刻有他的预言了反物质存在的狄拉克公式的碑。

他死时仍然是英国公民。

一个无神论者

狄拉克把爱因斯坦的相对论及量子力学统一起来，他的工作对近代物理非常重要，而狄拉克应用数学把大自然隐藏的秘密就像兔子被魔术师从帽子拖出来那样一一揭发出来，但在宗教上他是一个无神论者。

1927 年 10 月，第五届索尔维会议(Solvay Conference)在比利时布鲁塞尔召开了，因为发轫于这次会议的阿尔伯特·爱因斯坦与尼尔斯·玻尔两人的大辩论，这次索尔维峰会被冠之以“物理界最豪华聚会”的称号。

一群年轻学者对话，内容是讨论爱因斯坦和普朗克对宗教的观点。泡利、海森伯与狄拉克皆参与其中，狄拉克批评了宗教上的政治意图，而玻尔则赞许了其光明面。对于宗教其他的部分，狄拉

这照片中的人物都是当时杰出科学家　后排左起：皮卡尔德(A. Piccard)　亨利厄特(E. Henriot)　埃伦费斯特(P. Ehrenfest)　赫尔岑(Ed. Herzen)　德唐德(Th. de Donder)　薛定谔(E. Schrodinger)　费尔夏费尔特(E. Verschaffelt)　泡利(W. Pauli)　海森伯(W. Heisenberg)　富勒(R. H. Fowler)　布里渊(L. Brillouin)
中排左起：德拜(P. Debye)　克努森(M. Knudsen)　布拉格(W. L. Bragg)　克莱默(H. A. Kramers)　狄拉克(P. A. M. Dirac)　康普顿(A. H. Compton)　德布罗意(L. de Broglie)　玻恩(M. Born)　玻尔(N. Bohr)
前排左起：朗缪尔(I. Langmuir)　普朗克(M. Planck)　居里夫人(Marie Curie)　洛伦兹(H. A. Lorentz)　爱因斯坦(A. Einstein)　朗之万(P. Langevin)　古伊(ch. E. Guye)　威尔逊(C. T. R. Wilson)　理查德森(O. W. Richardson)

克有这样的意见:"我不能理解我们为何闲着没事要讨论宗教。如果我们抱持科学家该有的诚实态度,那必须承认宗教混杂着虚假的断言,没有真实的基础。上帝的概念不过是人类幻想的产物。对于那些暴露在自然力量下的原始人类,不难理解他们会将这些恐惧与害怕拟人化。然而如今我们已经了解了这么多自然现象,我们不再需要如此看待自然万物。"

"我一直都不明白,假设一个全知全能的上帝对我们到底有什么好处。这个假设导致了无数的问题,例如为何上帝容许苦难和不公正、富人对穷人的剥削利用以及各种他该为我们消弭的恐怖。如果宗教仍持续被教导,那绝不是因为这些思想说服了我们,而是因为有部分人士希望底下的人们保持沉默。比起吵闹与不满的群众,那些沉默的大众更容易统治,同时也更容易剥削。"

"宗教正是一种鸦片,使民族麻痹而沉浸于一厢情愿的梦想,忘却了不公不义。也因此国家与教会一直是密切的联盟。双方都需要这种错觉,一位好心的神将会(如果不在人世就会在天堂)奖励那些不对抗不公义、毫无怨言默默完成工作的人们。这也是为何,把神视作一种幻想的这种想法总是被当作人类最大的罪过。"

海森伯对此接受各种意见。在场有泡利,作为一名天主教徒,从话题一开始便一直保持沉默,然而在被问及对狄拉克的意见有什么看法。他说:"噢!看来我们的好友狄拉克抱持一种信仰,指引他的理论是'上帝不存在,而狄拉克是他的先知'。"所有人包括狄拉克都大笑了起来。

在他年纪较大之后,就像孔子说的"五十而知天命",他对于上帝的看法不似年少时那么的强烈,在1963年5月的《美国科学人》(*Scientific American*)的文章《物理学家自然的演变的图片》中这样写道:"看来自然的一个基本特性是基本物理定律都是由漂亮和有力的数学公式描述,人们需有高程度的数学才能了解。你会问:为什么自然引着这路线结构?我们只能基于目前的知识这样回答,大自然就是这样构造。我们只能接受。或者我们可以这么说,上帝是高维(high dimension)的数学家,他是用非常先进的数学创造这宇宙。我们在数学的微弱尝试只了解本宇宙的一个点滴,只有当我们发展越来越深的数学,我们才能对宇宙有更好的认识。"

他曾被选为罗马天主教廷的教皇科学院的成员,他说他同意教皇约翰·保罗二世的看法:宗教和科学并不矛盾。他在去世前一年在一次记者的访谈中他说:"宗教和科学是真理之后的探索者。”

狄拉克还在美国佛罗里达州立大学发表过大量有关宇宙学方面的论文,推动宇宙学研究的发展。他提出了黑洞会随时间的消逝而逐渐减弱的理论。有人问他为什么会这样,他回答:“为什么?因为上帝就是这样做的。”

亚伯拉罕·派斯(Abraham Pais, 1918—2000)是荷兰出生的物理学家和物理史学家,在1998年《狄拉克和他的工作》中说:“狄拉克的太太曼琪寄给我的信否认狄拉克是无神论者,狄拉克总是和她一起在教堂里跪下来。”

狄拉克的忠告

狄拉克有时讲话相当幽默,我这里举一个例子:

“教训一,物理必须是优美的,如果方程式是复杂而不优美,很可能是不正确的。

教训二,不要说什么东西都是对的,除非你肯定那是对的。

教训三,在这世界上有许多好讲话的人,他们有时违背了教训二而忘记了教训一。”

在莫斯科大学物理系有一个传统,凡是访问该系的著名物理学家,都被邀请在一个黑板上写他认为重要的格言或话,这字迹将保留不擦掉。

1956年狄拉克去那里访问,就在黑板上写了:“一个物理定律必须具有数学美。”

弗里曼·戴森(Freeman Dyson)说:“狄拉克是勇敢的。他对数学美的直接引导使他成功地得到三个基本发现:第一个是一般抽象表达量子力学;第二个是正确地以量子描述电磁辐射过程;第三个是电子的狄拉克方程。”

狄拉克 70 岁时做演讲

“在每个发现中，他不但得到新的物理定律，而且是新的对自然的数学描述。而每次实验都证明他是正确的。”

狄拉克 70 岁时在美国迈阿密大学以“基本信仰和基础研究”的题目演讲。

他说：“有一种很明显的方法可以得到新理论，接近实验结果：关注所有实验者的最新消息，然后建立理论来描述。这是一个相当直接的方法，有许多物理学家沿着这个道路，像老鼠赛跑，互相竞争。当然这需要相当聪明的老鼠来参与。我不想谈这种方法。”

“另外一种方法是理论物理学家可能采用的，虽然是较慢，可是更稳重，可得到更深入的结果。”

“它并不依靠实验工作，它是包含一些基本信仰及尝试将它们编到一个理论中。”

“为什么我们要有基本信仰呢？我想没法子解释，我是觉得自然构成一种方式而使得我们有一种想法，就像宗教的信仰。人们感到事物必须这样发生，从而发明数学理论来结合基本信仰。”

狄拉克指出，许多伟大理论物理学家，特别是牛顿及爱因斯坦，他们是从“上到下”(top-down)的方式工作，由基本信仰推导出一些大自然的定律，而不是由实验的结果引导出定律。狄拉克本身也是这个例子。

他自己曾经这样自述:“我早期的工作是受玻尔轨道的影响,我的基本信念是玻尔轨道可以提供了解原子事件的线索。可是这是一个错误的想法……我发现我的基本想法不对,我必须另外有新的想法。”

“我必须有新的更一般的工作基础,而我能想出的更可靠的基础,具有足够的一般性而使我不再走到错误,尝试建立一个有数学美的原理:我们可能不知道这方程的物理,可是具有极大的数学美。”

“我们必须强调这种数学美,这是方程式所唯一有的特色,而我们有信心及强调这种美。”

“人们怎么将基本的检定的美来替代物理理论的正确性?明显的美是依据人们的文化及教养的,像一些绘画、文学、诗歌等,可是数学的美却是另外一种情况。我要说的是一个完全不会超越那些个人的因素,它在全世界以及任何时期都是一样,这就是我想告诉你们的。”

“事实上,我们可以对这种情况强烈地感到,当实验的结果和人们的想法不一致,人们可以预测这实验的结果是错误的,以后的实验可以改正。当然人们不该对这种情形固执,可是有时我们还需要勇敢。”但科学美并不是人人都能欣赏,欣赏科学之美,要有一定的科学素养。

在1980年写的《为什么我们相信爱因斯坦的理论》中,狄拉克表示相信广义相对论,并不是因为明显的实验证明,而是“由于整个的理论非常漂亮,这是我感到真正相信它的理由”。

狄拉克经常谈到应该优先寻找美丽的方程式,而不要烦恼其物理意义。史蒂夫·温伯格对此曾有评论:“狄拉克告诉学物理的学生不要烦恼方程式的物理意义,而要关注方程式的美。这个建议只对那些于数学纯粹之美非常敏锐的物理学家才有用,他们可以仰赖它寻找前进的方向。这种物理学家并不多——或许只有狄拉克本人。"

狄拉克对诗不感兴趣,他说:"科学的目标是以较简单明了的方式去理解困难的事物,诗则是将单纯的事物以无法理解的方式做表达。这两者是不能相容的。"狄拉克不单对微观世界的粒子感兴趣,他对宇宙的起源也有兴趣。他 1928 年提出反物质的存在,已由许多物理学家发现及丁肇中等人在实验室找到。他另外一个预测,即"磁单极"的存在,是一个数学上神奇的预测,1931 年在一篇《量子化电磁场中的奇点》的文章中,狄拉克探讨了磁单极这个想法。狄拉克的磁单极是第一次将拓扑学的概念用于处理物理问题。1933 年,延续了其 1931 年的论文,狄拉克证明了单一磁单极的存在就足以解释电荷的量子化。

人们花很长的时间寻索宇宙深处,要发现他所预言的东西。在 1975 年、1982 年以及 2009 年都有研究结果指出磁单极可能存在。但到目前为止,仍没有磁单极存在的直接证据。

狄拉克奖的设立

联合国教科文组织下属的国际理论物理中心于 1985 年设立"狄拉克奖",以纪念保罗·狄拉克,并被公认为国际理论物理领域最高奖,每年 8 月 8 日狄拉克诞辰日公布获奖者名单。2012 年度获奖者是美国斯坦福大学张首晟(1963—2018)、普林斯顿大学邓肯·霍尔丹和宾州大学查尔斯·凯恩,这三位教授因拓扑绝缘体理论共享这一殊荣。

张首晟(Shoucheng Zhang)出生于上海,1978 年在没有读过高中的情况下,直接考入复旦大学,以 15 岁低龄进入复旦大学物理系,一年后,他又赴柏林大学留学攻读硕士学位。1983 年,张首晟获得柏林自由大学物理学硕士学位。同年,进入美国纽约州立大学石溪分校,师从杨振宁教授攻读物理学博士学位。1987年,他获得博士学位。同年,他进入加州大学的圣芭芭拉分校从事博士后研究。1989年底,他结束了博士后研究,与妻子余晓帆一起到了圣何塞的IBM继续从事科学研究工作。1993年,张首晟被斯坦福大学物理系聘为副教授。32岁时,他被聘为正教授,成为该校最年轻的终身教授之一。

在2006年张首晟提出拓扑绝缘体理论的材料实现方案;次年,这个预言在他与德国维尔茨堡大学的实验中得到证实。张首晟成为世界上第一个以实验结果来证实拓扑绝缘体理论的学者,他的理论和实践将为信息技术带来革命性发展。这一成果让他在2010年获欧洲物理学会颁发的欧洲物理学奖,2012年获美国物理学会颁发的凝聚态物理学最高奖奥利弗·巴克利奖,加上获得的狄拉克奖,张首晟已经荣获国际物理学界的三大顶级奖项。

2013年3月20日,张首晟因对拓扑绝缘体的理论预测和实验证明获“尤里基础物理学奖”300万美元,几乎等同于诺贝尔奖的2.5倍。“尤里基础物理学奖”由俄罗斯亿万富翁及风险投资家尤里·米尔纳于2012年7月成立,在全球范围内奖励杰出理论物理学家,2013年两个特别奖分别授予英国理论物理学家斯蒂芬·霍金和欧洲核子研究组织的7名科学家。基础物理学前沿奖获得者共有5位,4位来自美国,1位来自德国。瑞士、加拿大和以色列的3位物理学家获得了新地平线奖。

张首晟

最后一点看法

我想我谈狄拉克的事迹和故事可以告一个段落。他用数学工具探索物质世界的神奇,向世人揭示了宏观世界及微观世界的奥妙,他被英国广播公司列为近世的十大物理学家之一。可是英国人却有许多不知道他曾获得诺贝尔物理学奖,他以他的数学公式预言宇宙反物质的存在。狄拉克是一个很低调谦虚的人,他说:"我的工作要求就好像盲人摸雪花,一接触就能融化掉。"

狄拉克是理论物理学家,许多人会觉得奇怪,单单靠演算纸上谈兵就能得到不得了的成果。在1986年年中,杨振宁在北京中国科技大学研究生院演讲时指出:"很多学生在学习中形成一种印象,以为物理学就是一些演算,演算是物理学的一部分,但不是最重要的一部分,物理学最重要的部分是与现象有关的,绝大部分物理学是从现象中出来的。"

"现象是物理学的根源。一个人不与现象接触不一定不能做重要的工作,但是他容易误入形式主义的歧途;他对物理学的了解不会切中要害。我所认识的重要的物理学家都很重视实际的物理现象。"

"基本理论物理是建立在粒子物理上的。粒子物理实验所需经费越来越大,今后30年它不可避免地要走下坡路。在实验愈来愈少的情况下,做理论的人很多,其中有很多聪明人,这样,愈来愈数学化的倾向是不可避免的,现在基本理论物理非常数学化。"

现代物理理论有所谓"超弦理论",用量子几何中的"弦"的概念来代替点状粒子的概念,许多年轻人往这方向去钻研,认为可以创造一片新天地。杨振宁曾劝中国的年轻人不要跟潮流去钻研这个理论看来美丽、但没有实验为基础的东西。

费曼(R. Feynman)说:“不管你的理论是多么美丽,不管你是多么聪明。如果不同意与实验结合,就是错误的理论(It doesn't matter how beautiful your theory is, it doesn't matter how smart you are. If it doesn't agree with experiment, it's wrong)。”

我想引狄拉克在他1947年写的《量子力学原理》中的几句话作为结束:

“……科学所关注的只是可观测的事物。

只是关于实验结果的问题才有真实意义,理论物理学必须考虑的只是这种问题。

物理科学的主要目的不在于提供图景,而在于作出支配着各个现象的定律的表述以及应用这些定律去发现新的现象。”

6 科学上常用的常数——圆周率

人对圆的认识

早上起来，在外面的草地上可以看到青草叶上有一粒粒圆滚滚的露珠，晶莹动人。

人类通过太阳、月亮、水珠、冰雹以及水面上圈圈涟漪的形象，很早就认识了"圆"。战国时期墨家学派的代表作《墨经》最早给出了圆的几何定义："一中同长也。"这是说：一个动点对一个固定的点（中心或圆心）以一定距离运动所画出的轨迹，这固定的距离在数学上称为圆的半径。从圆上一点画线通过圆心直到交于圆上另外一点，这线段是半径的两倍，称为圆的直径。

从古代文物看圆

我在伦敦的大英博物馆以及奥地利的维也纳

自然科学博物馆看到一些属于石器时代的出土石斧、石铲、石矛。我惊异地看到古代人类在他们的工具上凿有很整齐的圆形孔。

1929年中国古生物学家裴文中教授在周口店龙骨山上的天然洞穴内,首次发现北京人的头盖骨。1930年发现于北京人遗址顶部的山顶洞,洞中有多具北京猿人化石,但在山的最顶端石钟乳洞,发现考古学上称的"山顶洞人"。山顶洞人属晚期智人,距今约18 000年前。山顶洞人体质形态已经与现代人基本相同。他们生活的时代已经进入了母系氏族公社的时期,已经掌握了刮挖、磨光、钻孔等技术,并且会用骨针和骨锥缝制衣服,围着兽皮做的裙子,并且已懂得人工取火,掌握了制火技术。

位于北京市房山区的周口店遗址博物馆,是中国旧石器时代的重要遗址性博物馆。该馆陈列室内,展出周口店出土的山顶洞人遗骨和山顶洞人的装饰物及使用的工具,我们看到山顶洞人曾经在兽牙、砾石和石珠上钻孔,那些孔有的就很圆。

山顶洞人和周口店出土的山顶洞人的装饰物及使用的工具

以后到了陶器时代,许多陶器都是圆的。圆的陶器是将泥土放在一个转盘上制成的。

当人们开始纺线时,又制出了圆形的石纺锤或陶纺锤。

古代人还发现圆的木头滚着走比较省劲。后来他们在搬运重物的时候,就把几段圆木垫在重物下面滚着走,这样当然比扛着走省劲得多。

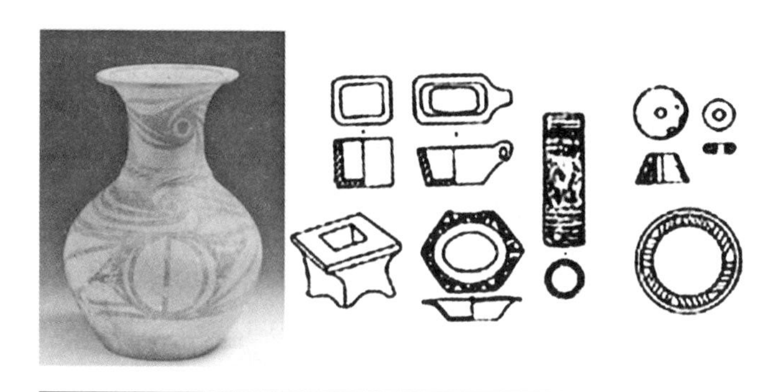

新石器时代器物上的圆形和多边形

大约在 6 000 年前，美索不达米亚人做出了世界上第一个轮子——圆的木盘。大约在 4 000 多年前，人们将圆的木盘固定在木架下，这就成了最初的车子。

在中国河北省藁城县台西村发现了距今 4 000 多年前的商代遗址，发掘出 3 000 多件极为珍贵的古代器皿和武器，其中有一些纺织工具——纺轮，圆的形体做得很准确，反映当时人民的手艺已经很进步。还有 16 片刻有文字的陶片，这些文字比殷墟出土的甲骨文还古老，其中就有“圆”的图字。

比甲骨文还古老的台西村陶器文字

从甲骨文和金文里出现车这个字，而且写成像圆轮的样子，以及商代车形铜盒和出土的马车，反映古代中国人民很早就会利用圆的性质来做省力的工具，以提高工作效率。

甲骨文和金文的"车",商代车形铜盒和出土的马车

为了建筑以及制车轮等的需要,必须有画图的一些器具,因此《孟子》一书里写道:"离娄之明,公输子之巧,不以规矩,不能成方圆。"这里的"规"和"矩"就是绘制圆和方形的工具。劳动人民除了这两种工具外,还发明了准绳、水准器和墨绳等工具。

考古学者曾发掘出公元 2 世纪汉朝的浮雕像,其中有女娲手执规、伏羲手执矩的图像。在司马迁所写的《史记》中,也提到夏禹治水的时候"左准绳"(左手拿着准绳),"右规矩"(右手拿着规矩)。中国的考古学家发现属于商代晚期(距今 3 300 年左右)的甲骨文中,就有"规"和"矩"这两个字。"规"字右边部分是手的形象,左边上面是圆规的样子,底下代表圆规画出的圆弧,"矩"字像两个直角。如果你看到《墨经》上写的"圆,规写交也",你会对这位创造这个字的人的智慧叹服。而"矩"字就像目前木匠还用的两把角尺。

司马迁的《史记》记载距今 4 000 年前的英雄人物——夏禹,说他忠民忘我,胼手胝足苦干:"陆行乘车,水行乘舟,泥行乘橇(音敲),山行乘檋(音局)。左准绳,右规矩,载四时,以开九州,通九道。"夏禹治水的时候,必须要有准绳和规矩的工具,《史记》的描写并不是毫无根据的。

山东沂南北寨汉墓画像石，此图伏羲、女娲为人首蛇尾，伏羲右侧一矩，女娲右侧一规，后一人双臂紧抱伏羲、女娲。该图上部，伏羲、女娲上端各有一只动物，应为乌、兔。下层为西王母，两侧有乌兔捣药。

这些文字图画的出现，明确地证明了古代中国人民很早就发明这样有用的工具。就像《墨经》所写的，几千年前，“轮匠执其规矩，以度天下之方圆”。

科学上到处见芳踪

用圆规画任何圆，我们把它的圆周长除以它的直径，会发现不管圆的大小，这数值是一定不变的，即数学上称为常数。古代中国、埃及、巴比伦、希腊、以色列、印度人民先后发现这个事实。这个比值数学上称为圆周率，1600 年，英国威廉·奥托兰特首先使用 π 表示圆周率，因为 π 是希腊文之“圆周”的第一个字母，欧拉也以 π 来表示圆周率，用在 1748 年发表的《无穷分析导论》(*Introduction to the Analysis of the Infinite*)一书中，使 π 表示圆周率的概念得以推广及风行。

意大利物理学家伽利略在 1581 年的某一天在比萨斜塔旁边的教堂祈祷时，观察到教堂悬挂的钟来回摆动的周期好像是不变的，后来他发现单摆周期 T 的公式：

$$T = 2\pi\sqrt{\frac{l}{g}}$$

这里 l 是摆的长度，g 是重力加速度。现在可以利用这公式来测量地球的地心吸力所产生的重力加速度的大小。

16 世纪的德国天文学家和数学家开普勒(J. Kepler, 1571—

1630)在1609年到1619年之间发表他的行星运动三大定律，利用这定律人们可以计算距离地球遥远的太阳系行星的运转周期，而计算公式里就有圆周率。

读者小时候不知有没有玩过下面的这玩意儿？把用塑料制成的梳子或者尺，拿来在头上擦几次，结果它会吸引一些细小的纸屑。你会说："这就是摩擦产生电。这种电是静电，有阴阳(或者正负)两种，如果两个物体带不同样性质的电就会互相吸引，带同样性质的电就会互相排斥。"

物理上有一个库仑定律可以计算这些带电体间吸力或斥力 F 的大小，它的公式是：

$$F = \frac{1}{4\pi\varepsilon_0} \cdot \frac{Q_1 Q_2}{r^2}$$

这里 ε_0 是常数，Q_1、Q_2 是电量，r 是两个物体间距离，读者可以看到圆周率又出现了。

一个小圆铁球从高处掉下来，由于地心吸力的作用，它以加速运动，速度会越来越快。可是如果这小铁球是在一个石油筒里掉下，或者穿过一些有黏滞的液体，那么在一段时间内，液体的摩擦力会使这物体以匀速状况运动，这个速度叫终端速度 V。它可以由下面的公式算出：

$$mg = 6\pi ak V$$

这里 m 是小圆球质量，a 是圆球半径，k 是液体的黏滞系数。你看我们又遇到圆周率了。

为了研究微观世界原子核的内部结构，为了制造在医药、生物以及工业等有用的放射性元素，科学家把带电的离子加速，使它具有很高的动能去撞击一些原子。科学家用的是磁共振加速器，要使带电离子加速必须使它同步化，这条件是：

$$f_a = f_0 = \frac{eB}{2\pi m}$$

这里 f_a 是加速场的频率，f_0 是离子转动频率，e 是离子的带电量，m 是离子质量，B 是磁场强度。

在量子力学中研究粒子的波动方程，就包含圆周率。

当从事生物、化学、物理、地质等科目的实验获得许多数据时，往往要用到正态分布的统计方法，这里面又不可缺少圆周率。可以说，只要你是从事科技工作，你绝对不会完全不用到圆周率这个常数。

中国数学家对圆周率的计算

在公元前 100 年左右完成的、现在仍保留下来的中国最古老的数学书《周髀算经》里，最早记载了古代中国人民对圆周率的认识。在这书里写道："径一周三。"这显示出在春秋战国到秦朝那段时期，人们认为 $\pi=3$。

后汉的张衡(78—139)是个天文学家，他在广阔的原野观察天象，觉得天像个半球形，盖在地平面上，就像古代民歌《敕勒歌》所描写的——"敕勒川，阴山下，天似穹庐，笼盖四野。天苍苍，野茫茫，风吹草低见牛羊"——的情景一样。他认为从地平面和天球相交的地方引一直径，那就是天球的直径。天球的圆周和直径的比是 92∶29，即约等于 3.172 4。

他也认为圆周率可以是 $\sqrt{10}\approx 3.1622$，这数值是比 3 精确一点。

到了三国魏末晋初时的刘徽，他计算到圆周率的近似值是 3.141 024。他的杰作《九章算术注》和《海岛算经》是中国最宝贵的数学遗产。《九章算术》约成书于东汉之初(原作者已不可考)。刘徽是中国最早明确主张用逻辑推理的方式来论证数学命题的人。他计算圆周率所用的方法，现在称为“刘徽割圆术”，在数学理论上是重要的。日本的数学家三上义夫对刘徽的成就非常赏识，曾经这样称赞他：“是古代和现代东方和西方的数学界一个伟大的人物”，并建议将 3.14 这个数值称为“徽率”以纪念他。

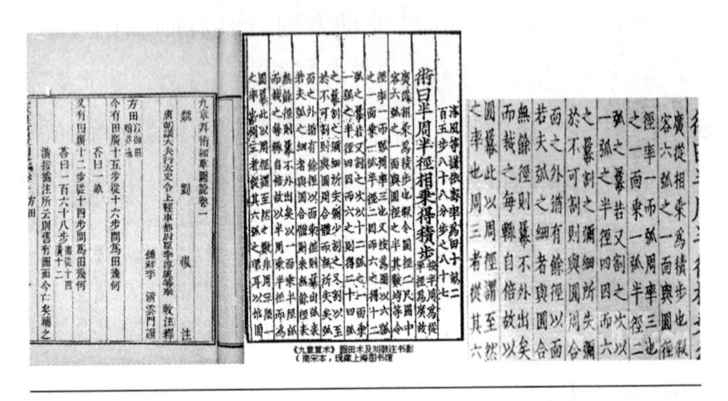
廣從相乘為積步也假
容六弧之一面與圓徑
徑率一而弧周率三也
之一面乘一弧半徑二
弧之冪若又割之次以
一弧之半徑四因而六
之冪割之彌細所失彌
於不可割則與圓周合
面之外猶有餘徑以面
若夫弧之細者與圓合
無餘徑則冪不外出矣
而裁之每輒自倍故以
圓冪此以周徑謂至然
之率也周三者從其六

刘徽的《九章算术注》

刘徽的方法是这样的：先作一个半径是 1 单位的圆，然后作内接正六边形，由这作基础算出内接正 $2^n \times 6$（$n=1, 2, \cdots$）边形，由旧的正多边形得新的正多边形必须分割边，刘徽说：“割之弥细，所失弥少，割之又割，以至于不可割，则与圆周合体而无所失矣！”这样就可以用正多边形的边逐渐逼近圆周，而这多边形的边长可

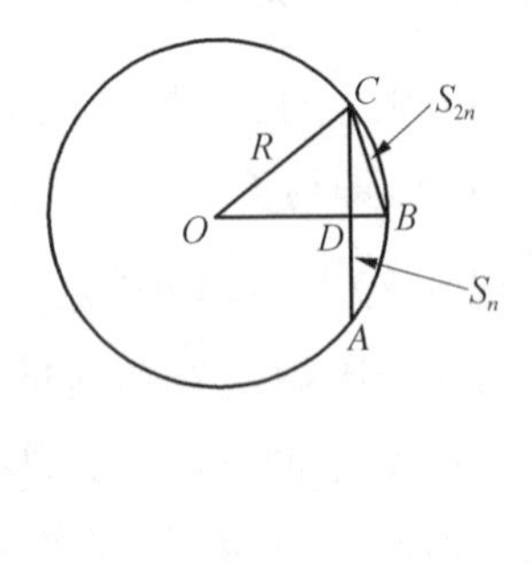

刘徽的纪念邮票和“割圆术”

以算出来,用这方法可以得到圆周率。

现设 AC(图右)是圆 O 内接正 n 边形的一边,B 是弧$\widehat{AC}$的中点,则 BC 是内接正 $2n$ 边形的一边,BO 与 AC 相交于 D,$CD\perp BO$,由商高(勾股)定理可得:

$$OD=\sqrt{1^2-\left(\frac{S_n}{2}\right)^2}$$

这里半径 R 是 1 单位,S_n是正 n 边形的边长。

因此 $DB=OB-OD=1-\sqrt{1-\left(\frac{S_n}{2}\right)^2}$。

在直角三角形 CBD 中,我们有 $CB=\sqrt{CD^2+DB^2}=\sqrt{\left(\frac{S_n}{2}\right)^2+\left(1-\sqrt{1-\left(\frac{S_n}{2}\right)^2}\right)^2}$,化简后可得 $S_{2n}=\sqrt{2-\sqrt{4-S_n^2}}$。

刘徽由这公式出发,由正 6 边形,算到正 12 边形,一直到正 96 边形,我们把这结果用下面的表写出:

正多边形的一边长	正多边形周长
$S_6=1=1.000\,00$	6.000 00
$S_{12}=\sqrt{2-\sqrt{4-1^2}}=0.517\,64$	6.211 66
$S_{24}=\sqrt{2-\sqrt{4-(0.517\,64)^2}}=0.261\,05$	6.265 26
$S_{48}=\sqrt{2-\sqrt{4-(0.261\,05)^2}}=0.130\,81$	6.278 70
$S_{96}=\sqrt{2-\sqrt{4-(0.130\,81)^2}}=0.065\,34$	6.282 04
$S_{192}=\sqrt{2-\sqrt{4-(0.065\,34)^2}}=0.032\,72$	6.282 91
$S_{384}=\sqrt{2-\sqrt{4-(0.032\,72)^2}}=0.016\,36$	6.283 12
$S_{768}=\sqrt{2-\sqrt{4-(0.016\,36)^2}}=0.008\,18$	6.283 17

如果这时拿这圆周除以直径 2,就可得 $\pi=3.141\,59$。

刘徽之后两百年,出现了南北朝时期南朝的祖冲之(429—

500)，他继续了刘徽的工作，算到圆内接正 24 576 边形的边，结果得到圆周率 π 是在下面两数之间：

$$3.1415926 < \pi < 3.1415927$$

祖冲之纪念邮票

祖冲之还用两个分数值来表示圆周率的近似值：22/7 称为约率，355/113 称为密率。

对于许多读者可能体会不出祖冲之这些工作的意义及获得这些结果的艰苦。我建议懂得开方的读者试试去算 $S_{1\,536}$，$S_{3\,072}$，$S_{6\,144}$，这时候你就可以体会一点祖冲之在 1 400 多年前能算 $S_{24\,576}$ 是多么了不起的事！

另一方面，当时没有算盘这种计算工具，要计算是靠小小的竹条（筹）来帮忙，计算的工作非常繁重。他不畏艰苦，有坚强的毅力，才能获得这光辉的成果，这就像一位思想家所说的："在科学上没有平坦的大道，只有不畏劳苦沿着陡峭山路攀登的人，才有希望达到光辉的顶点。"

祖冲之不但是数学家，还是天文学家、文学家、机械发明家。

在数学上他和儿子祖暅得到球的体积公式：

$$球体积 = \frac{4}{3}\pi \times (球半径)^3$$

在天文方面，他提出了当时最好的历法"大明历"，而且算出地球绕太阳一周所需的时间是 365.242 814 81 日，和现在由精制仪器得到的数据 365.242 2 比较，他的数字准到小数第三位，在 1 000 多年前他得出这成果，是值得中华民族骄傲的。

他为皇帝制造了指南车、水碓磨与千里船等，史书《南齐书》写道："千里船于新亭江试之，日行百余里。"他还制造类似孔明的"木牛流马"的运输工具。

祖冲之还是有相当政治眼光的人，他曾写了一篇《安道论》献给齐明帝，建议"开屯田，广农织"，只有安定边疆，让军队人民一边守边疆，一边种田，才能巩固国防，现在读来还是正确的。

祖冲之在世时并不得意，没有大官做，而他的"大明历"还受戴法兴之流的激烈反对，生前还看不到它的采用。而最令人痛惜的是记载他和儿子的数学成果的书《缀术》却在宋朝时失传了。

今天我们只能从《隋书》《律历志》看到他的工作记录："宋末南徐州从事史祖冲之更开密法，以圆径为一丈，圆周盈数三丈一尺四寸一分五厘九毫二秒七忽，朒数三丈一尺四寸一分五厘九毫二秒六忽，正数在盈朒二限之间。密率：圆经一百一十三，周三百五十五；约率：圆径七，圆周二十二。"

还有在《宋书》《历志》内载有祖冲之自己讲他学习数学的经过："臣少锐愚尚，专功数术，搜练古今，博采沈奥，唐篇夏典，莫不揆量，周正汉朔，咸加核验……此臣之所以俯信偏认，不虚推古人者也。"又："臣用是深惜毫厘，以全求妙之准，不辞积累，以成永定之制。"对于工作他是"亲量圭尺，躬察仪漏，目尽毫厘，心穹筹算"。

祖冲之得到的密率 355/113，德国数学家鄂图(Otto)及荷兰数学家安托尼兹 1 000 年后才得到。

1573 年，德国人鄂图得出这一结果。他是用阿基米德成果 22/7 与托勒密的结果 377/120 用类似于加成法"合成"的：$(377-22)/(120-7)=355/113$。

祖冲之怎样得到密率呢？1931 年钱宝琮先生在《中国算学史》中认为祖冲之采用了何承天首创的"调日法"或称加权加成法。

他设想祖冲之求密率的过程是：以徽率 157/50，约率 22/7 为母近似值，并计算加成权数 $x=9$，于是 $(157+22\times9)/(50+7\times9)=355/113$，一举得到密率。钱先生说："冲之在承天后，用其术以造密率，亦意中事耳。"

但是有人认为祖冲之是用连分数得到密率的，李约瑟在《中国科学技术史》卷三第 19 章几何编中论祖冲之的密率说："密率的分数是一个连分数渐近数，因此是一个非凡的成就。"由于求二自然数的最大公约数的更相减损术远在《九章算术》成书时代已流行，所以借助这一工具求近似分数应该是比较自然的。于是有人认为祖冲之可能是在求得盈二数之后，再使用这个工具，将 3.141 592 65 表示成连分数，得到其渐近分数：3，22/7，333/106，355/113，102 573/32 650，…。最后，取精确度很高但分子分母都较小的 355/113 作为圆周率的近似值。

日本数学史家三上义夫建议将 3.141 592 6 称作"祖率"，以纪念祖冲之的成果。三上义夫曾经研究日本数学家关孝和的工作，认为他极有可能在获得"缀术"后，数学突然大进，并且也从事计算圆周率的工作。

我希望这本失传的珍贵数学书籍有一天会在日本重现，那将有助于我们了解祖冲之父子的工作。

我在法国巴黎的"发现宫"科学博物馆，看到墙上写有祖冲之的名字及其所计算的 π 值。1960 年，苏联科学家们在研究了月球背面的照片以后，用世界上一些最有贡献的科学家的名字来命名那上面的山谷，其中有一座环形山被命名为"祖冲之环形山"，在月球上许多火山口或海用科学家如阿基米德、居里、依拉托森等命名，祖冲之是在月球上唯一出现的中国科学家名字。

祖冲之死后 1 000 年，清朝有朱鸿求圆周率至小数点后 40 位，只在前 25 位是对的。

清朝时，外国的微积分传进中国，曾纪鸿用格雷戈里的级数求

π至百位，可是在那时欧洲人已能算到707位了。民国初年一位数学家曾感叹地说："欧人已因计算之困难，寻得许多迅速收敛的级数，更进而证明π之超越性矣。吾国人则毫无建树！"

表示圆周率的美丽公式

法国数学家和物理学家帕斯卡(Pascal，1623—1662)已知道下面的积分公式：

$$\int_0^a x^n \mathrm{d}x = \frac{a^{n+1}}{n+1}$$

英国数学家格雷戈里(Gregory，1638—1675)和牛顿发现曲线$\frac{1}{1+x^2}$在区间$(0, a)$的积分是$\arctan a$即

$$\int_0^a \frac{1}{1+x^2}\mathrm{d}x = \int_0^a (1-x^2+x^4-x^6+x^8-x^{10}+\cdots)\mathrm{d}x$$

$$= a - \frac{a^3}{3} + \frac{a^5}{5} - \frac{a^7}{7} + \frac{a^9}{9} - \frac{a^{11}}{11} + \cdots$$

如果令$a=1$，由于$\arctan 1 = \frac{\pi}{4}$(即$\tan\frac{\pi}{4}=1$)，所以就有

$$\frac{\pi}{4} = 1 - \frac{1}{3} + \frac{1}{5} - \frac{1}{7} + \frac{1}{9} - \frac{1}{11} + \cdots$$

这是用所有的奇数倒数来表示圆周率，这个式子也同时被德国哲学家和数学家莱布尼茨(G. W. F. Leibniz，1646—1716)发现。莱布尼茨和牛顿是微积分学的创始者。

这里列下400年来数学家发现的一些美丽公式：

1593年，韦达给出

$$\frac{2}{\pi}=\frac{\sqrt{2}}{2}\cdot\frac{\sqrt{2+\sqrt{2}}}{2}\cdot\frac{\sqrt{2+\sqrt{2+\sqrt{2}}}}{2}\cdot\cdots$$

沃利斯(Wallis)1650年给出乘积公式：

$$\frac{\pi}{2}=\frac{2\cdot2\cdot4\cdot4\cdot6\cdot6\cdot8\cdot8\cdot\cdots}{1\cdot3\cdot3\cdot5\cdot5\cdot7\cdot7\cdot9\cdot\cdots}$$

1658年布龙克尔(Brouncker)给出

$$\frac{4}{\pi}=1+\cfrac{1^2}{2+\cfrac{3^2}{2+\cfrac{5^2}{2+\cfrac{7^2}{2+\cfrac{9^2}{2+\cdots}}}}}$$

1665年牛顿给出：

$$\frac{\pi}{6}=\frac{1}{2}+\frac{1}{2}\left(\frac{1}{3\cdot2^3}\right)+\frac{1\cdot3}{2\cdot4}\left(\frac{1}{5\cdot2^5}\right)+\frac{1\cdot3\cdot5}{2\cdot4\cdot6}\left(\frac{1}{7\cdot2^7}\right)+\cdots$$

$$\frac{\pi}{2\sqrt{3}}=1-\frac{1}{3\cdot3}+\frac{1}{5\cdot3^2}-\frac{1}{7\cdot3^3}+\frac{1}{9\cdot3^4}-\frac{1}{11\cdot3^5}+\cdots$$

$$\frac{\pi}{2}=1+\frac{1}{3}+\frac{1\cdot2}{3\cdot5}+\frac{1\cdot2\cdot3}{3\cdot5\cdot7}+\frac{1\cdot2\cdot3\cdot4}{3\cdot5\cdot7\cdot9}+\frac{1\cdot2\cdot3\cdot4\cdot5}{3\cdot5\cdot7\cdot9\cdot11}+\cdots$$

$$\frac{\pi}{2}=\frac{2\cdot2}{1\cdot3}\cdot\frac{4\cdot4}{3\cdot5}\cdot\frac{6\cdot6}{5\cdot7}\cdot\frac{8\cdot8}{7\cdot9}\cdot\frac{10\cdot10}{9\cdot11}\cdot\cdots$$

$$\frac{\pi^2}{6}=\frac{2^2}{2^2-1}\cdot\frac{3^2}{3^2-1}\cdot\frac{5^2}{5^2-1}\cdot\frac{7^2}{7^2-1}\cdot\cdots\quad\text{（欧拉）}$$

$$\frac{\pi^2}{8}=\frac{1}{1^2}+\frac{1}{3^2}+\frac{1}{5^2}+\frac{1}{7^2}+\frac{1}{9^2}+\cdots$$

$$\frac{\pi^2}{6}=\frac{1}{1^2}+\frac{1}{2^2}+\frac{1}{3^2}+\frac{1}{4^2}+\frac{1}{5^2}+\cdots\text{（欧拉，1748年）}$$

如果用$n!$来表示$n(n-1)\cdot\cdots\cdot 3\cdot 2\cdot 1$,读作$n$的阶乘,清朝的数学家夏鸾翔得到:

$$\frac{\pi}{2\sqrt{2}}=1+\frac{1^2}{2\cdot 3!}+\frac{1^2\cdot 3^2}{2^2\cdot 5!}+\frac{1^2\cdot 3^2\cdot 5^2}{2^3\cdot 7!}+\frac{1^2\cdot 3^2\cdot 5^2\cdot 7^2}{2^4\cdot 9!}+\cdots$$

$$\frac{\pi}{2}=1+\frac{1^2}{3!}+\frac{1^2\cdot 3^2}{5!}+\frac{1^2\cdot 3^2\cdot 5^2}{7!}+\frac{1^2\cdot 3^2\cdot 5^2\cdot 7^2}{9!}+\cdots$$

$$\frac{\pi}{4}=1-\frac{1}{3!}-\frac{(2^2-1)}{5!}-\frac{(2^2-1)(4^2-1)}{7!}-\frac{(2^2-1)(4^2-1)(6^2-1)}{9!}-\cdots$$

康熙时期的满族数学家明安图(1700? —1770)创立了“割圆密率捷法”,他的公式是:

$$\pi=3+\frac{3}{4\cdot 3!}+\frac{3\cdot 3^2}{4^2\cdot 5!}+\frac{3\cdot 3^2\cdot 5^2}{4^2\cdot 7!}+\cdots$$

欧拉在圆周率上的研究

在200年前,瑞士数学家约翰·伯努利(John Bernoulli)发现调和级数$1+\frac{1}{2}+\frac{1}{3}+\frac{1}{4}+\frac{1}{5}+\cdots$是发散的,即当你逐项逐项加的时候,你会发现它的和是越来越大,最后是大过你能想象的任何整数(即其值是无穷大∞)。

可是级数$1+\frac{1}{2^2}+\frac{1}{3^2}+\frac{1}{4^2}+\frac{1}{5^2}+\cdots$以及$1+\frac{1}{2^3}+\frac{1}{3^3}+\frac{1}{4^3}+\frac{1}{5^3}+\cdots$呢?$1+\frac{1}{2^n}+\frac{1}{3^n}+\frac{1}{4^n}+\frac{1}{5^n}+\cdots$,当$n\geqslant 2$时,却是收敛的。即这级数的和是等于一个有限数。

$n=2,4$ 的情形是欧拉(L. Euler, 1707—1783)发现的,在当时他的结果令许多数学家震惊,这里试试用较浅白的说明解释,读者看不懂就跳过去,只要认识一点欧拉在这方面的美丽成果就行了。

欧拉得到 $1+\frac{1}{2^2}+\frac{1}{3^2}+\frac{1}{4^2}+\frac{1}{5^2}+\cdots=\frac{\pi^2}{6}$ 及 $1+\frac{1}{2^4}+\frac{1}{3^4}+\frac{1}{4^4}+\frac{1}{5^4}+\cdots=\frac{\pi^4}{90}$。

研究欧拉是怎样得到这些结果是很有意义的。这里用到一点代数和三角的知识。

设一个一元 n 次方程 $a_0+a_1x+a_2x^2+\cdots+a_nx^n=0$ 有 n 个不同的根 α_1, α_2, α_3, …, α_n(α 是希腊字母,念"阿尔法"),而没有一个根是等于 0,即 $a_0\neq 0$。

整个式子可以表示成:

$$a_0+a_1x+a_2x^2+\cdots+a_nx^n=a_0\left(1-\frac{x}{\alpha_1}\right)\left(1-\frac{x}{\alpha_2}\right)\cdots\left(1-\frac{x}{\alpha_n}\right)$$

由根与系数的关系我们可以得到:

$$a_1=-a_0\left(\frac{1}{\alpha_1}+\frac{1}{\alpha_2}+\cdots+\frac{1}{\alpha_n}\right)$$

假定我们的方程是 $2n$ 次,而且形状像下面:

$b_0-b_1x^2+b_2x^4-\cdots+(-1)^nb_nx^{2n}=0$,而且有 $2n$ 个不同的根 β_1, $-\beta_1$, β_2, $-\beta_2$, …, β_n, $-\beta_n$(β 是希腊第二个字母,念"贝塔")。

那么我们就有:

$$b_0-b_1x^2+b_2x^4+\cdots+(-1)^nb_nx^{2n}=b_0\left(1-\frac{x^2}{\beta_1^2}\right)\left(1-\frac{x^2}{\beta_2^2}\right)\cdot\cdots\cdot\left(1-\frac{x^2}{\beta_n^2}\right)$$

,用比较两边系数的方法我们得到关系:

$$b_1 = b_0\left(\frac{1}{\beta_1^2}+\frac{1}{\beta_2^2}+\cdots+\frac{1}{\beta_n^2}\right) \qquad \text{(A)}$$

比方说 $4-5x^2+x^4$ 这方程可以写成

$$4\left(1-\frac{5}{4}x^2+\frac{1}{4}x^4\right)=4(1-x^2)\left(1-\frac{x^2}{2^2}\right)$$

所以我们有 $5=4\left(\frac{1}{1}+\frac{1}{4}\right)$

欧拉知道三角方程 $\sin x=0$ 有无穷多个根 0，π，−π，2π，−2π，3π，−3π，…

而正弦函数 $\sin x$ 有下面的级数表达式：

$$\sin x=\frac{x}{1}-\frac{x^3}{1\cdot2\cdot3}+\frac{x^5}{1\cdot2\cdot3\cdot4\cdot5}-\frac{x^7}{1\cdot2\cdot3\cdots7}+\cdots$$

即 $x-\frac{x^3}{1\cdot2\cdot3}+\frac{x^5}{1\cdot2\cdot3\cdot4\cdot5}-\frac{x^7}{1\cdot2\cdot3\cdots7}+\cdots=0$ 有无穷多个根 0，π，−π，2π，−2π，3π，−3π，…

我们把上面的式子的 x 消掉，得到方程

$$1-\frac{x^2}{1\cdot2\cdot3}+\frac{x^4}{1\cdot2\cdot3\cdot4\cdot5}-\frac{x^6}{1\cdot2\cdot3\cdots7}+\cdots=0$$

就有根 π，−π，2π，−2π，3π，−3π，…

因此欧拉认为类似(式子 A)应该有：

$$\frac{1}{1\cdot2\cdot3}=\left(\frac{1}{\pi^2}+\frac{1}{4\pi^2}+\frac{1}{9\pi^2}+\cdots\right)$$

即 $1+\frac{1}{4}+\frac{1}{9}+\frac{1}{16}+\cdots=\frac{\pi^2}{6}$

在 1745 年时欧拉对这个式子：

$$1-\frac{x^2}{1\cdot2\cdot3}+\frac{x^4}{1\cdot2\cdot3\cdot4\cdot5}-\frac{x^6}{1\cdot2\cdot3\cdots7}+\cdots$$

$$=\left(1-\frac{x^2}{\pi^2}\right)\left(1-\frac{x^2}{2^2\pi^2}\right)\left(1-\frac{x^2}{3^2\pi^2}\right)\cdots$$

两边取对数，得到底下式子：

$$\log\left(1-\frac{x^2}{1\cdot2\cdot3}+\frac{x^4}{1\cdot2\cdot3\cdot4\cdot5}-\cdots\right)=\sum_{n=1}^{\infty}\log\left(1-\frac{x^2}{n^2\pi^2}\right)$$

然后将两边的式子展开得：

$$-\frac{x^2}{6}-\frac{x^4}{180}-\cdots=-\frac{x^2}{\pi^2}\sum\frac{1}{n^2}-\frac{x^4}{2\pi^4}\sum\frac{1}{n^4}\cdots$$

两边比较系数得：

$$\sum\frac{1}{n^2}=\frac{\pi^2}{6},\ \sum\frac{1}{n^4}=\frac{\pi^4}{90},\ \cdots$$

利用级数 $\sum\frac{1}{n^4}=\frac{\pi^4}{90}$，可以比 $\sum\frac{1}{n^2}=\frac{\pi^2}{6}$ 更迅速地算出圆周率的值。

古代的一个数学难题

希腊数学家用直尺和圆规作几何图时，所用的直尺是没有刻度的。有一个很著名的问题是：给定一个圆，用直尺和圆规为工具构造一个正方形使它的面积等于给定圆的面积。

这个问题简称为“化圆为方问题”。如果设圆的直径是 2 单位，正方形的边为 x，就有关系：

$$x^2=\pi(1)^2=\pi$$

即 $x=\sqrt{\pi}$。

以上的问题等价于：能否作一线段使其长度等于给定的一个圆的圆周。

这个问题是这么容易明白，许多人尝试去解决但没有成功。

1775年法国科学院为了不要使它的成员花时间去检验许多人寄来的所谓“化圆为方问题的解答”，特别出公告，要求人们不要再寄这样的东西来，就算寄来也决定不负责检验。理由是：已收到的解决方法没有一个是对的。科学院认为这问题不是一般人能解决的。

我们知道怎样作一条长 $x=\frac{p}{q}$ 是有理数的边（即 p，$q\neq 0$ 是整数），也知道怎样构造一条长 $x=\sqrt{2}$ 的边，从 $x=\frac{p}{q}$ 和 $x=\sqrt{2}$ 可以得到代数式子 $qx-p=0$ 和 $x^2-2=0$。

我们现在定义一个数 x 是代数数，如果存在代数式子 $a_1x^n+a_2x^{n-1}+\cdots+a_{n-1}x^2+a_nx+a_{n+1}=0$ 而 x 是它的根，这里 a_1，a_2，…，a_{n+1} 是整数。不是代数数的数就称为超越数。

好像所有的无理数 $\sqrt{2}$，$\sqrt{-1}$，$1+2\sqrt{-1}$ 等都是代数数。数学家发现能用直尺圆规所作的长度 x 一定是代数数（反之未必）。

因此“化圆为方问题”是否能解决，就归结为 π 是否是代数数。

欧拉发现级数 $1+\frac{1}{1!}+\frac{1}{2!}+\frac{1}{3!}+\cdots$ 收敛并把它收敛的值用字母 e 来表示。他发现 e，$\sqrt{-1}$ 和 π 有一个美丽的结合公式：$e^{\sqrt{-1}\pi}=-1$。

在1873年法国数学家埃尔米特（C. Hermite）证明 e 是超越数，即不存在整数 m，n，r，…，a，b，c，…使得式子：$ae^m+be^n+ce^r+\cdots=0$ 成立。德国数学家林德曼（F. Lindemann）在1882年推广以上的结果：如果 x_1，x_2，…，x_n 是任何不等的代数数，p_1，p_2，…，p_n 是 n 个最少有一个不等于零的代数数，则和 $p_1e^{x_1}+p_2e^{x_2}+\cdots+p_ne^{x_n}\neq 0$，因此由欧拉公式 $e^{\sqrt{-1}\pi}+1=0$ 可知 π 是超

越数。用代数方法,人们总算证明单用没刻度的直尺和圆规是不能解决化圆为方这个几何难题的。

因此单纯用直尺和圆规是没法子构造长度等于 π 单位长的线段。可是在实际生产问题上,有时需要知道怎样构造线段近似于 π 单位的方法,这里我们介绍一个简单易学而精确度相当高的方法。这方法是 1685 年一个波兰僧侣库赞斯基(Kochansky)所发现的:

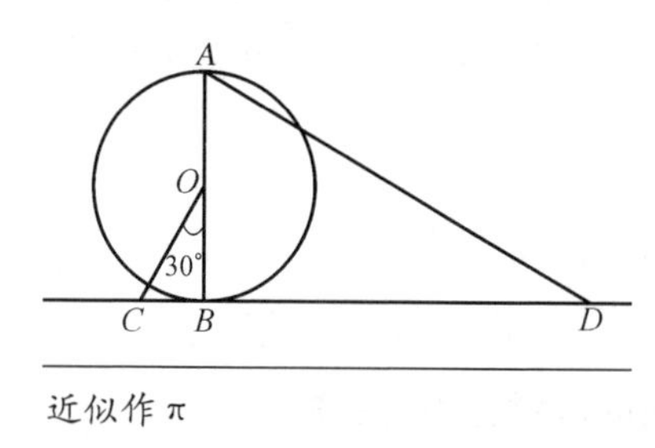

近似作 π

在单位圆 O 作一个角 BOC 等于 $30°$(见左图)。

过 B 作圆 O 的切线 CBD,使线段 CD 的长是 3 单位,作直径 BOA,连 AD,则 AD 的长近似于 π。

道理很简单,由于 $\angle BOC = 30°$,所以 BC 的长是$\frac{1}{\sqrt{3}}$。由勾股定理,我们有 $AD^2 = AB^2 + BD^2$,

$$即\ AD = \sqrt{2^2 + \left(3 - \frac{1}{\sqrt{3}}\right)^2} = 3.141\,533$$

这方法得到的长度对 π 来说准确到小数点四位。

电子计算机算圆周率

人是很聪明的动物,他跑得没有兔子快,却能发明弓箭,弥补他的速度及不上其他动物的缺陷;他没有虎狼锐利的牙齿和爪趾,却发明了刀矛来对付凶狠的动物;他没有大象的有力,但能动脑筋发明车辆、杠杆来解决力气不足的问题。

在计算方面也是如此，在数目较大、运算次数较多的情况下，单靠纸笔计算是显得太缓慢了，于是人类发明了算盘、计算器和电子计算机来协助计算。

美国在 1944 年设计成功第一架电子数字积分计算机，在 1949 年就用来计算圆周率，底下是各国利用电子计算机算圆周率的情况：

<table>
<tr><td>1957 年</td><td>费尔顿(G. E. Felton)</td><td>7 480 位小数</td></tr>
<tr><td>1958 年</td><td>热尼(Francois Genuys)</td><td>10 000 位小数</td></tr>
<tr><td>1958 年</td><td>费尔顿</td><td>10 020 位小数</td></tr>
<tr><td>1959 年</td><td>热尼</td><td>16 167 位小数</td></tr>
<tr><td>1961 年</td><td>IBM 7090 晶体管计算机</td><td>20 000 位小数</td></tr>
<tr><td>1961 年</td><td rowspan="4">伦奇(J. W. Wrench)及史密斯(L. R. Smith)</td><td>100 000 位小数</td></tr>
<tr><td>1966 年</td><td>250 000 位小数</td></tr>
<tr><td>1967 年</td><td>500 000 位小数</td></tr>
<tr><td>1974 年</td><td>1 000 000 位小数</td></tr>
<tr><td>1981 年</td><td rowspan="4">金田康正等</td><td>2 000 000 位小数</td></tr>
<tr><td>1982 年</td><td>4 000 000 位小数</td></tr>
<tr><td>1983 年</td><td>8 000 000 位小数</td></tr>
<tr><td>1983 年</td><td>16 000 000 位小数</td></tr>
<tr><td>1985 年</td><td>戈斯珀(Bill Gosper)</td><td>17 000 000 位小数</td></tr>
<tr><td>1986 年</td><td>贝利(David H. Bailey)</td><td>29 000 000 位小数</td></tr>
<tr><td>1986 年</td><td rowspan="4">金田康正</td><td>33 000 000 位小数</td></tr>
<tr><td>1986 年</td><td>67 000 000 位小数</td></tr>
<tr><td>1987 年</td><td>134 000 000 位小数</td></tr>
<tr><td>1988 年</td><td>201 000 000 位小数</td></tr>
<tr><td>1989 年</td><td rowspan="2">丘德诺夫斯基(Chudnovsky)兄弟</td><td>480 000 000 位小数</td></tr>
<tr><td>1989 年</td><td>535 000 000 位小数</td></tr>
</table>

续 表

1989 年	金田康正	536 000 000 位小数
1989 年	丘德诺夫斯基兄弟	1 011 000 000 位小数
1989 年	金田康正	1 073 000 000 位小数
1992 年		2 180 000 000 位小数
1994 年	丘德诺夫斯基兄弟	4 044 000 000 位小数
1995 年	金田康正和高桥大介	4 294 960 000 位小数
1995 年		6 000 000 000 位小数
1996 年	丘德诺夫斯基兄弟	8 000 000 000 位小数
1997 年	金田康正和高桥大介	51 500 000 000 位小数
1999 年		68 700 000 000 位小数
1999 年		206 000 000 000 位小数
2002 年	金田康正的队伍	1 241 100 000 000 位小数
2009 年	高桥大介	2 576 980 370 000 位小数
2009 年	法布里斯·贝拉(Fabrice Bellard)	2 699 999 990 000 位小数
2010 年	近藤茂和余智恒	5 000 000 000 000 位小数
	施子和	20 000 000 000 000 位小数
2011 年	IBM 蓝色基因/P 超级计算机	60 000 000 000 000 位小数
2013 年	卡勒斯(Ed Karrels)	80 000 000 000 000 位小数

1914 年，印度天才数学家拉马努金在他的论文里发表了一系列共 14 条计算圆周率的公式。有个公式每计算一项可以得到 8 位的十进制精度。1985 年戈斯珀(B. Gosper)用这个公式计算到了圆周率 17 500 000 位。

丘德诺夫斯基(Chudnovsky)兄弟是生于乌克兰的美国数学家，1992 年《纽约人》杂志把他们评为世界上最厉害的数学家之一。

1989 年，大卫·丘德诺夫斯基和格雷戈里·丘德诺夫斯基兄弟将拉马努金公式改良，这个公式被称为丘德诺夫斯基公式，每计算一项可以得到15位的十进制精度。1994年丘德诺夫斯基兄弟利用这个公式计算到了4 044 000 000位。1987年发明的计算圆周率的丘德诺夫斯基算法，一直到今天仍然保持着圆周率的最佳计算纪录。该算法用的是公式：

$$\frac{1}{\pi}=12\sum_{k=0}^{\infty}\frac{(-1)^k(6k)!(13\,591\,409+545\,140\,134k)}{(3k)!(k!)^3 640\,320^{3k+3/2}}$$

2010年8月日本长野县饭田市公司职员近藤茂和美国西北大学的大学生余智恒合作计算到五兆位数，创下吉尼斯世界纪录，但最佳计算纪录很快就被施子和超越了。2011年10月16日，近藤茂利用家中电脑将圆周率计算到小数点后10万亿位。

余智恒

一般科技方面，圆周率只用到小数点后五位就够了。计算圆周率的值到小数点后50万位或更多，对于纯粹数学和应用数学来说是没有什么意义的，主要是用来检验电子计算机的效率以及问题设计程序的优劣。

圆周率日

美国旧金山的科学探索馆(San Francisco Exploratorium)的物理学家拉里·肖(Larry Shaw)在1988年提议3月14日(3.14)为圆周率日，发起了每年这一天以吃馅饼(英文pie和圆周率π音相近）来进行纪念和庆祝圆周率的校园活动。那一天他带着博物馆的员工和参与者一起围绕博物馆纪念碑转 3 又 1/7 圈（22/7，π 的近似值之一），并一起吃水果派，分享有关 π 的知识和实验——像祖冲之怎样得到圆周率，怎样重复 1777 年法国数学家蒲丰（Buffon）著名的投针问题。

拉里·肖和旧金山的科学探索馆参与圆周率日的孩童们

在这之后，旧金山科学博物馆继承了这个传统，每年的这一天都举办庆祝活动。

2009 年 3 月 11 日，美国众议院还通过了一项决议，把 3 月 14 日正式确定为全国的“π 日”（National Pi Day）。这个日子已发展成为一个国际性的纪念日。

3 月 14 日，世界各地的圆周率（π）爱好者自发集会，庆祝“π 日”。圆周率的头三位数字是 3.14，因此每年的 3 月 14 日，π 爱好者们都会举行各种集会，一起讨论有关 π 的话题，吃以馅饼为主的美食，开展 π 背诵比赛等一系列活动。在圆周率日当天，加拿大的滑铁卢大学会供应免费馅饼以示庆祝。这一天也是爱因斯坦的生日，爱因斯坦在普林斯顿生活超过 20 年之久，因此普林斯顿从 3 月 11 日至 14 日这四天举办众多的活动，庆祝圆周率日兼爱因斯坦生辰。除了常规的吃馅饼以及 π 值背诵比赛等活动，这一天还有一个爱因斯坦化妆比赛。

圆周率日海报

有一个叫 piday.org 的网站，是圆周率日官方网站，它不仅收集了关于 π 的各种趣闻，还有以 π 为主题的商店。

自学材料

(1) 这里介绍几本书籍，对于一些读者想要更深入了解中国古代数学家在圆周率研究方面的成果——祖冲之的事迹，刘徽、祖冲之工作在数学上的重要意义——或许会有裨益：

(a) 李俨：《中算史论丛》(第一册)；

(b) 谭一寰：《祖冲之》；

(c) 华罗庚：《从祖冲之的圆周率谈起》；

(d) 龚升：《从刘徽割圆术谈起》。

(2) 证明一圆切于两同心圆之间，它的周长等于两圆半周之差。

(3) 在一线段 AC 上任取一点 B，然后分别以 AB、BC、AC 为直径作半圆，证明 $\widehat{AB}+\widehat{BC}=\widehat{AC}$。

太极图里的像 S 的曲线是由二相等半圆组成，这半圆的圆心与大圆圆心同在一直线上，证明 S 的长等于大圆一半。

(4) 古代希腊数学家希波克拉底(Hippocrates)发现：在直角三角形三边上，各以这些边为直径作同方向的半圆，则所成的二新月形面积的和等于原三角形的面积。

(5) 在以 x、y 轴为直角坐标的平面上一点(a, b)称为代数点

(algebraic point)，如果 a、b 同时都是代数数。假定你知道欧拉的公式 $e^{\sqrt{-1}\theta} = \cos\theta + \sqrt{-1}\sin\theta$，并且也可以利用这公式推导 $e^{\sqrt{-1}\theta} - e^{-\sqrt{-1}\theta} = 2\sqrt{-1}\sin\theta$。证明（借林德曼定理的帮助）：

(a) 曲线 $y = e^x$ 上只有(0, 1)是代数点；

(b) 正弦曲线 $y = \sin x$ 只有原点(0, 0)是代数点。

(6) 如果令 p 为大于或等于 2 的整数，并且令 $J_p = \int_0^1 (\sqrt{1-x^2})^p dx$

有一个英国数学家发现：$J_0 = 1$

$$J_1 = \frac{\pi}{4} \qquad J_2 = \frac{2}{3}$$

$$J_3 = \frac{3}{4}\cdot\frac{\pi}{4} \qquad J_4 = \frac{4\cdot 2}{5\cdot 3}$$

$$J_5 = \frac{5\cdot 3}{6\cdot 4}\frac{\pi}{4} \qquad J_6 = \frac{6\cdot 4\cdot 2}{7\cdot 5\cdot 3}$$

$$J_7 = \frac{7\cdot 5\cdot 3}{8\cdot 6\cdot 4}\frac{\pi}{4} \qquad J_8 = \frac{8\cdot 6\cdot 4\cdot 2}{9\cdot 7\cdot 5\cdot 3}$$

你试试用以上的结果求出

$$\frac{\pi}{4} = \frac{2}{3}\cdot\frac{4\cdot 4}{3\cdot 5}\cdot\frac{6\cdot 6}{5\cdot 7}\cdot\frac{8\cdot 8}{7\cdot 9}\cdot\cdots$$

(7) 英国物理学家斯内尔(Snell)发现光从一种介质进入另一种介质时会产生折射现象，他建立了入射角、折射角和折射率之间的关系。他也发现怎样作一线段近似等于一个圆弧的方法：假定这圆弧 $\widehat{AB}$ 是在圆 O 上，过 B 作一直线通过 O，并在上面取 BD 为半径的 3 倍；过 B 作直线垂直于 BD，与直线 DA 交于 T，BT 就是所求的线段。

研究在什么时候斯内尔的方法失效。

7 古为今用的几个几何问题

从拿破仑重视数学谈起

我想起那位曾经对东方文明感兴趣的法国一代英雄拿破仑。许多人知道他讲过的一句话:"中国,让它睡吧!当它醒来的时候,全世界将要震动。"他本身对数学非常重视,在他夺取法国革命果实称帝后,即任命一些优秀数学工作者如蒙日(G. Monge, 1746—1818)以及拉普拉斯(P. S. Laplace)抓好数学教育工作,他曾说:"一个国家只有数学蓬勃发展,才能表现它的国力强大。"

拿破仑对数学非常重视

为了打仗的需要,拿破仑很重视几何。许多上了年纪学过几何的人,会知道这是一门有趣的数学。几何证明的多样性,证明的严密性,以及定理的一些美丽关系是多么引人入胜,在训练人们逻辑思维上这是一门极好的学科。

几何是数学的一个古老分支,公元前2世纪的古代埃及和美索不达米亚的劳动人民在长年累月垦地、建河堤、开运河、筑神庙、建宫殿、造坟墓等及衡量收成品时逐渐累积了对几何形体的知识。早期的几何学是关于长度、角度、面积和体积的经验原理,被用于满足在测绘、建筑、天文和各种工艺制作中的实际需要。几何这个词最早来自希腊语 γεωμετρία,由 γέα(土地)和 μετρεῖν(测量)两个词合成而来,指土地的测量,即测地术。

古代埃及土地的测量绘画

这些知识后来经过一些数学家整理并严密安排发展成一门重要的数学分支。很可惜的是近年欧美推行中学数学教育改革,把平面几何的多姿多彩的内容削减许多,以较为抽象的线性代数取代。而国内的教材却因讲“实用”而删掉许多内容,使学生在推理的训练方面减少许多,这种情形看来是需要改变。

几何实用问题的提出

对于一些很注意数学“实用”的人,我这里提出3个都是很实际的问题,然后介绍一些解法,可以看到几何怎么能为我们服务。

在河边有两个村庄,一个距河2里,另外一个是10里,而这两村相距 18 里。人们想在河边建一个码头,一方面可以输出农产品,另外可以送来农村需要的肥料、机械和生活物资。人们计划从码头到农村的道路上铺沥青石子路,为了不要花太多人力物力及时间,要怎样选择建码头的地点才能“好省”地做好?

地质勘察队来到一个山区的乡下,这里有 3 户人家,以往吃水种田都需走下山脚挑水上山,这是很费时费力的工作。勘察队发现事实上在三家所围成的三角形土地上,同样的深度都能打出地下水来。现在人们准备挖一口井,你要怎样选择开井的地点,使得三家人走到井的路程之和最短?

为了使农村的文化水平提高,平原区的四个农村准备合建一间中学,解决小学生毕业后的升学问题。如果你去考察这地区,发现 A 村有 100 个毕业生,B 村有 120 个毕业生,C 村有 200 个毕业生,而 D 村有 84 个毕业生。要怎样适当选择地点建中学,使得学生到学校所花的总时间最少?

事实上这些问题属于几何问题,早在 200～300 年前就有人研究了。

意大利数学家的一篇论文

1779 年意大利数学家法尼亚诺(M. G. di Fagnano, 1715—1797)在一篇论文里讨论了下面的几个问题:

(1) 在一条线的同一边有两点 P、Q,如何在此线上找一点 T,使得 $PT+TQ$ 的长最小?

(2) 在一个锐角三角形 ABC 的三边取 X、Y、Z 三点,使得 $\triangle XYZ$ 的周长最短。

(3) 在三角形 ABC 内找一点 P,使其到 3 个顶点的距离之和最小。

费马

(4) 在四边形 $ABCD$ 内找一点 P,使其到四个顶点的距离之和最小。

第一个问题法国数学家费马(Pierre de Fermat, 1601—1665)曾研究过。

他想象直线 L 是一面镜子,Q_1 是镜子里 Q 的像。直线 L 上的任何点到 Q、Q_1 的距离相等,因此 T 在 L 上要求 $PT+TQ$ 最小,必须是 $PT+TQ_1$ 最小。如果 T 不在 P、Q_1 的连线上,则在 $\triangle PTQ_1$ 中,$PT+TQ_1>PQ_1$(因为在三角形中,两边之和大于第三边)。因此如要 $PT+TQ$ 最小,T 需取 PQ_1 和 L 的交点。

这时候 $\angle\alpha=\angle\beta$。

如果你想象光从 P 点出发,经过镜子反射后到 Q,费马发现它总是选择最短的路程前进。而这时候就有光的"等角"反射现象。

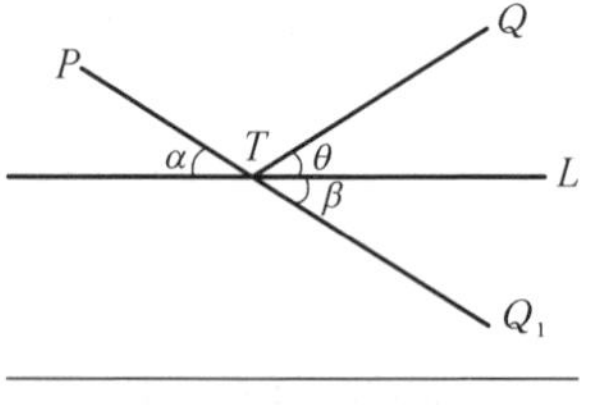

求 T 使 $PT+TQ$ 最小的作法

费马的几何难题

以上的问题3,事实上是费马给伽利略的学生和助手托里拆利(E. Torricelli, 1608—1647)提出的一个几何难题。

托里拆利对物体运动、流体力学及大气压力有研究,他发明水银柱气压计,由此证明大气有压力。他对费马的这个问题给出了几何解决方法,我们等下会介绍他的最简捷的一个解法。

托里拆利和 1959 年苏联发行的托里拆利纪念邮票

可是在这里，我先介绍 80 多年前一位英国人霍夫曼(J. E. Hofmann)以及匈牙利数学家伽莱(Tibor Gallai)先后想出的同样的一个解决方法。

要了解这方法，我们首先要认识圆的一些性质。

一个角的顶点在圆周上，而两边都和圆相交，这个角称为“圆周角”。同弧所对的圆周角一定相等。而且圆周角是等于同弧所对的圆心角的一半，因此如果我们在圆中作一内接四边形，任意两个对角的和一定是 180°。

霍夫曼及伽莱是怎样考虑费马的问题呢？先假设三角形没有一个顶角大过 120°。在$\triangle ABC$内任取一点P，连PA、PB、PC。

如图，从PB向外作一正$\triangle PBP'$，同样以AB为一边向外作一正$\triangle ABC'$，连$C'P'$。

现在观察$\triangle APB$和$\triangle C'P'B$。

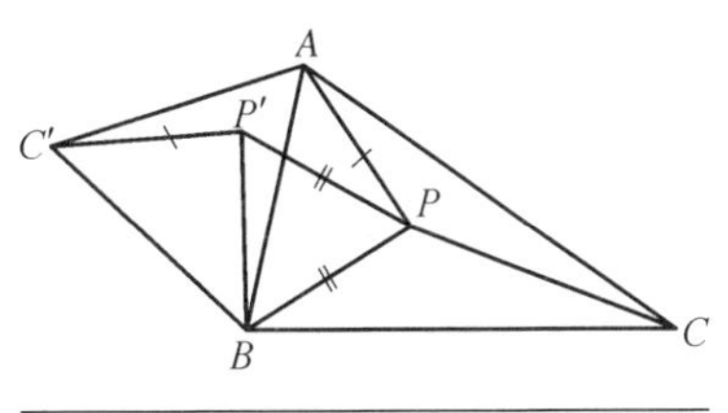

求费马点的方法

$$\angle C'BP' + \angle P'BA = 60^\circ$$

$$\angle ABP + \angle P'BA = 60^\circ$$

所以 $\angle C'BP' = \angle ABP$

又 $C'B = AB,\ BP' = BP,$

所以 $\triangle C'P'B \cong \triangle APB$(S. A. S. 或边. 角. 边.)

因此 $C'P' = AP$

所以 $PA + PB + PC = C'P' + P'P + PC,$

从这里我们知道，只要 P 在$\triangle ABC$ 的位置取定，P'的位置也就会被确定，而 P 到三顶点 A，B，C 的距离和是等于 $C'P' + P'P + PC$。

如果我们要 $PA+PB+PC$ 的长最小，就必须想法子选取那样的 P 使得由它所确定的 P'能使得 $C'P'+P'P+PC$ 最小。

我们看到 C'、C 这两个点固定，通过 C'、C 两点的所有曲线当中以直线段的长度为最短。因此我们要寻找的 P 点必须是在CC'连线上，而且还要$\angle BPC'=60^\circ$。

因此霍夫曼与伽莱的寻找 P 的方法变得非常简单：

第一步以 AB 为边向外作一正$\triangle ABC'$。

第二步作$\triangle ABC'$的外接圆。

第三步连 C'、C，这直线与$\triangle ABC'$的外接圆相交的点就是所求的点 P。

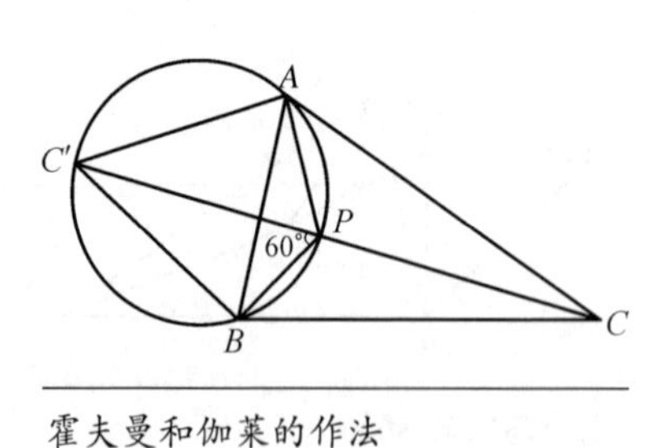

霍夫曼和伽莱的作法

为什么要作$\triangle ABC'$的外接圆呢？这里我们利用了“在同圆中，同弧所对的圆周角相等”的性质，这样可以在 $C'C$ 上找到 P 点使得 $\angle C'PB = \angle C'AB = 60^\circ$。

我们称三角形内使得到三顶点距离的和最小的点 P 为“费马点”(Fermat Point)。

从上图我们观察到费马点有这样的性质：

$$\angle APB = 180^\circ - \angle AC'B = 180^\circ - 60^\circ = 120^\circ$$
$$\angle BPC = \angle CPA = 120^\circ$$

即这点到三顶点所张开的角都是 120°。

维维安尼定理

我们现在准备介绍托里拆利解决费马难题的一个巧妙解法。他用到同时代的意大利数学家维维安尼(Viviani, 1622—1703)的一个定理：从正三角形 ABC 内任取一点 P，这点到三边的距离和是一个常数。

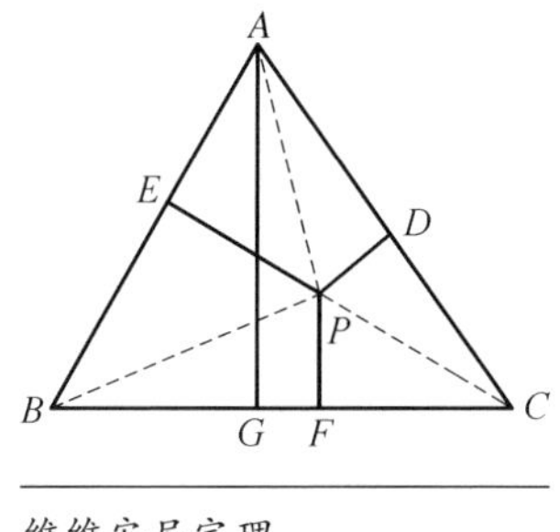

维维安尼定理

如图，假定 $PE \perp AB$，$PF \perp BC$，$PD \perp AC$，连 PA，PB，PC。$\triangle ABC$ 被剖分成 3 个小的三角形。而

$$\begin{aligned}\triangle ABC \text{ 的面积} &= \triangle APB \text{ 的面积} + \triangle BPC \text{ 的面积} + \triangle CPA \text{ 的面积} \\ &= \frac{1}{2}AB \times PE + \frac{1}{2}BC \times PF + \frac{1}{2}CA \times PD \\ &= \frac{1}{2}AB \times (PE + PF + PD),\end{aligned}$$

因此我们可以看到：

$$PE + PF + PD = \text{正}\ \triangle ABC \text{ 的高}$$

我们这个证明相当简单。读者可以试试先证一个有关等腰三角形的性质：“从等腰三角形底边任何一点作两腰的垂线，这两条

垂线的和等于一腰上的高。”

证明了以上的结果后(最少可以有3种不同证法,你或许可以找到更多的证法),你可以过 P 作 $B'C'$ 平行于 BC 交 AB、AC 于 B'、C'。然后过 A 作 BC 的垂线 AG,你就可以证得 $AG = PE + PF + PD$。

托里拆利的解法

很巧,在托里拆利300年后的匈牙利著名数学家里斯(Frederick Riesz, 1880—1956)也给出同样的方法。

由前面霍夫曼的结果,我们知道费马点与3个顶点所张开的角是120°。

里斯

怎样在△ABC 内找费马点呢?

我们知道圆内接四边形的对角相加等于180°,因此如果一个对角是60°,另外一个就必须是120°了。什么时候三角形有60°顶角呢?最简单的情形是正三角形,它的3个顶角都是60°。

因此托里拆利利用下面两个步骤求费马点:

步骤1　以 AB、AC 为边向外作两个正三角形。见下页左图。

步骤2　作正△ABM 与△ACN 的外接圆,这两圆相交于 P 点。

P 就是所要的费马点!

怎样证明 $PA+PB+PC$ 是最小呢?

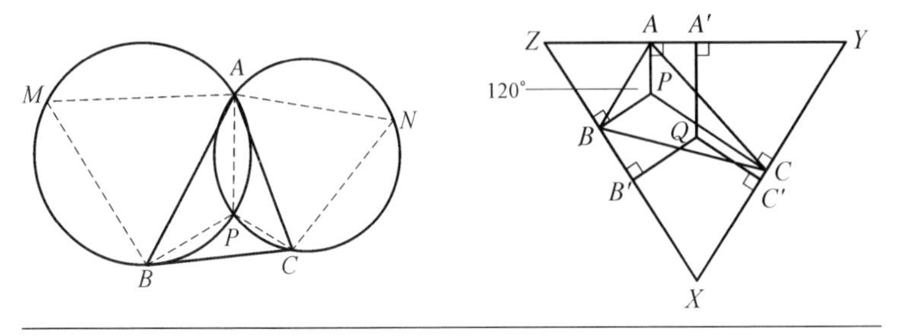

托里拆利求费马点的方法

我们过 A, B, C 作三直线分别垂直 PA, PB, PC 且各交于 X, Y, Z 三点。见上右图。

观察 1　$\triangle XYZ$ 是一个正三角形。

在四边形 $PBXC$ 中, $\angle X=360^\circ-(\angle BPC+\angle PBX+\angle PCX)=360^\circ-(120^\circ+90^\circ+90^\circ)=60^\circ$,

同样可以证明 $\angle Y=\angle Z=60^\circ$, 所以 $\triangle XYZ$ 是一个正三角形。

观察 2　在 $\triangle ABC$ 内任何不是 P 的点 Q, 就有 $QA+QB+QC>PA+PB+PC$。

我们过 Q 作 $QA'\perp ZY$, $QB'\perp ZX$, $QC'\perp XY$。

并且连 QA, QB, QC。

由维维安尼定理我们知道在正 $\triangle XYZ$ 里

$$PA+PB+PC=QA'+QB'+QC'$$

可是在直角三角形 QAA', QBB', QCC' 里 QA, QB, QC 分别是斜边, 因此

$$QA>QA',\ QB>QB',\ QC>QC',$$

由此可得 $QA+QB+QC>QA'+QB'+QC'$,

即　$QA+QB+QC>PA+PB+PC$,

所以 P 点是所求的"费马点"。

你说这个解法是不是巧妙?你可以试试找其他的解决方法,找到了请来信告诉我。

用物理方法解决费马问题

2 000 多年前希腊出了位很杰出的科学家阿基米德(Archimedes),他利用数学工具研究物理问题,而且也善于用物理方法来解决一些数学问题,他有一部著作《一些几何命题的力学证明》就是记载他在这方面的成果。

你一定会奇怪,用物理方法可以帮助我们解决数学问题?!

让我先介绍一些基本的物理概念:你有看过人家打桩吗?人们用人力或机械力量把重物高举,然后让它落下,于是轰然一声把地面上的木条、铁条或石块打进土中去。

你一定会知道这重物抬得越高,它工作的本领就越大,越有能力把地面上的东西深压进土壤中。

在物理上衡量这重物工作的本领是用"势能"(或位能)这个概念,它是这重物的重量乘上重心对地面的垂直距离。

阿基米德

在物理中有一个这样的"最小势能原理"[也称为狄利克雷原理(principle of Dirichlet)]:"一个物体或系统当处于平衡位置时,它的势能最小。如果一个物体或系统所处的位置使它的势能最小,那么这位置就是它的平衡位置。"

因此我们可以利用这原理协助

解决费马难题。

首先用铁丝做一个和原三角形同大小的三角形，水平放置，离地面高度为 h。在每个顶点系上一个滑轮。每个滑轮上都穿着一个重量为 m 的重物。假定系住物体的绳子的另一端都绑在一起，形成一个结点。

现在让重物垂下来，这结点最初会移动，可是过一会儿它就不动了，这时整个系统处于平衡状态。这时你看那结点的所在位置就是所要找的费马点。

为什么会如此呢？滑轮 A，B，C 挂的重物与地面距离分别为 a，b，c。系重物的绳子总长是 t。

现在令整个系统的质心是 G，并且距离地面是 r。则系统的势能是 $m \cdot a + m \cdot b + m \cdot c = (3m) \cdot r$，

所以 $\quad r = \frac{1}{3}(a+b+c)$

在平衡位置时，质心最靠近地面，因为这样它的势能才是最小，因此此时 $a+b+c$ 也是最小。

滑轮下方的绳子共长 $(h-a)+(h-b)+(h-c)$ 即 $3h-(a+b+c)$。因此在 $\triangle ABC$ 里的绳子的总长等于：

$$s = t - [3h - (a+b+c)] = (t-3h) + (a+b+c)。$$

$t-3h$ 是一个固定数，s 的长最小当且仅当 $a+b+c$ 最小。因此只有在系统平衡时，结点的位置必须是费马点，才能使 $a+b+c$ 为最小。

你看我们用物理方法轻而易举地找到费马点。

现在在铁丝三角形里的结点 P 受到 3 个相等的拉力。从物理学我们知道："平面三力成平衡，那么三力线或者平行，或者交于一点。"因此如果我们用 f 表示这 3 个向量，这 3 个向量形成一个正三角形，而且其和等于零。

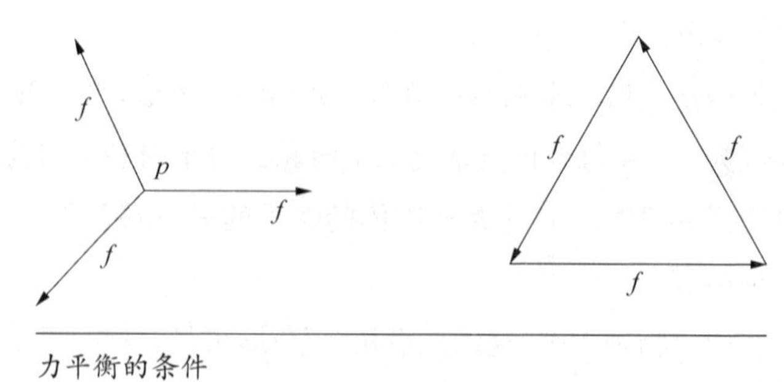

力平衡的条件

由此可知这些绳在费马点时所张开的角度是120°。

这篇文章开头提到的第三个问题,读者也可以用物理方法解决,按比例大小做一个铁丝四边形,然后在每个代表村庄的顶点上安装滑轮,然后悬挂各为100单位、120单位、200单位、84单位的重物,最后平衡时的结点就是所求的学校位置。

自学材料

(1) 阅读吴文俊写的数学小册子《力学在几何中的一些应用》。

(2) 假如$\triangle ABC$的底边BC的任何一点P到AB、AC的距离的和是一个常数,这三角形是否一定等腰?

(3) 在一个正方形$ABCD$内取一点P,使得$PA = PB$,$\angle PAB = \angle PBA = 15°$,证明$PD = PC = CD$。

(4) 试证下面的"蝴蝶定理":在一圆上画一弦PQ,取其中点M,过M任意作两弦CD,AB,连AD、BC,与PQ分别交于X、Y两点,则$XM = MY$。

(5) 在考虑费马难题时,$\triangle ABC$的每个角都假设小于120°。如果有一角大于或等于120°,费马点应在哪里?

(6) 试解决法尼亚诺的第二个问题。

(7) 四边形 $ABCD$ 是一个平行四边形,其顶角不等于 60° 或 120°。现在以 AD,CD 为边向外作 2 个正三角形 ADE 和 CDF,连接 EB,BF,FE,证明 $\triangle EBF$ 是个正三角形。

(8) 在任意 $\triangle DEF$ 的边 DE,DF,EF 上任意取 A,B,C 三点,作 $\triangle ADB$,$\triangle BFC$,$\triangle AEC$ 的 3 个外接圆,你将会发现两个奇迹:

[奇迹 1] 3 个外接圆相交于一点。

[奇迹 2] 3 个外接圆的中心组成的三角形,它的角各等于 $\angle D$,$\angle E$,$\angle F$。

(9) 法国大革命时涌现的风云人物拿破仑是一个数学爱好者,下面是他的一个数学发现:从任意三角形 ABC 的三边向外作 3 个正三角形 ABZ、BCX、ACY,则它们的中心形成一个正三角形(这三角形的中心是原三角形 3 条中线的交点)。请你试着证明。

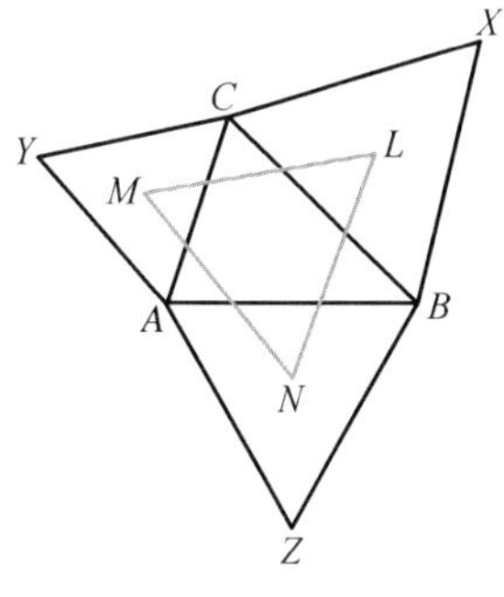

拿破仑定理

8 从哈密顿图到旅行货郎问题

1979年11月7日《纽约时报》出现一篇引人注目的文章,它的标题是"苏联的发现震动数学界"(Soviet Discovery Rocks World of Mathematics),这文章介绍一个本是默默无闻的年轻数学家哈奇扬(L. G. Khachian),他在线性规划理论上的一个发现使得美国数学界为之轰动。由于记者在询问一些著名数学家时对数学问题了解不深,文章报道有一些失实,但由这文章引起的轰动及误导相当严重。我以后会讨

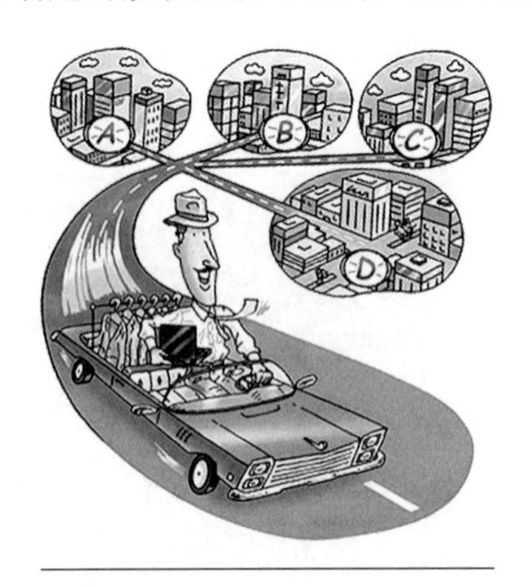

旅行货郎

论这问题。该文中说:“苏联人的发现建议用电子计算机处理一类和‘旅行货郎问题’(Traveling Salesman Problem)有关的数学上一个著名难题。旅行货郎问题要求确定一个货郎(或推销员或销货员)所要跑的最短路程——他要走遍市镇,但是不能再回到走过的地方。表面上,这问题看来简单,事实上为了要解决这问题,人们需要电子计算机。”

在这点上记者是说对了。旅行货郎问题目前是许多国家(如德国、日本、俄罗斯、英国、美国、法国)的运筹学工作者研究的热门课题。

2013年1月30日《西门子科学新闻》(*Simons Science News*)出现一篇引人注目的文章《计算机科学家为臭名昭著的旅行货郎问题寻找新的快捷方式》(Computer Scientists Find New Shortcuts for Infamous Traveling Salesman Problem):不久前,一队来自斯坦福大学和麦吉尔大学的研究人员运用计算机科学,以几乎难以察觉的一万亿分之一精确度改进了克里斯托菲迪斯算法,打破了计算机科学中一个问题长达35年难以解决的窘境的纪录,一系列改进旅行货郎问题近似算法出现,计算机科学家开始用新的眼光看问题。虽然,这些近似方法只适用于某些类型的旅行货郎问题,但这种方法拥有巨大潜力。麻省理工学院的计算机科学家米歇尔·戈曼斯(Michel Goemans)说:“我们仅仅触及表面,我是一个狂热的信徒,也许5年后,将有一个更强大的结果。”

为了要了解这问题,我们可要知道目前在图论上许多人正在研究一种图——哈密顿图(Hamilton graphs)。

哈密顿图的由来

在17—18世纪时,欧洲宫廷及一些贵族很喜欢玩西洋象棋,

	3		2	
4				1
5				8
	6		7	

马走“日”线

西洋象棋中的“骑士”对应我们中国象棋的“马”，而且它通常是刻成一个马头，跑法也是和中国象棋的“马”一样，走“日”字——即从日的一角沿着对角线跃到另一角。

在 1771 年，就有一位名叫范德蒙德(A. Vandermonde)的法国数学家，写了一篇文章研究所谓“棋盘的骑士问题”。问题是这样：在 8×8 的棋盘上随意一个格子里，我放一个骑士，然后我想法子使它跑遍棋盘所有的格子，走过的不许再走，我能不能使骑士最后回到原来的格子？

这个问题并不简单，许多象棋爱好者及数学家曾坐下来研究这个问题。我这里列出两个情形的解(见下图)：(a) 我将棋盘的左下角的格子选为起始位置，把它定为 1，读者可以验证根据图中的跑法，骑士最后是能跑回 1 的。(b) 我将棋盘的左上角的格子选为起始位置，把它定为 1，读者可以验证，根据图中的跑法，骑士最后是能跑回 1 的。

18 世纪的大数学家欧拉(L. Euler)在 1759 年就系统地研究过这个问题，也得到了一些结果。以后德国数学家高斯也曾对这问题发生兴趣，花过一些时间研究它及另外一个“棋盘的皇后问题”。

56	41	58	35	50	39	60	33
47	44	55	40	59	34	51	38
42	57	46	49	36	53	32	61
45	48	43	54	31	62	37	52
20	5	30	63	22	11	16	13
29	64	21	4	17	14	25	10
6	19	2	27	8	23	12	15
1	28	7	18	3	26	9	24

(a)

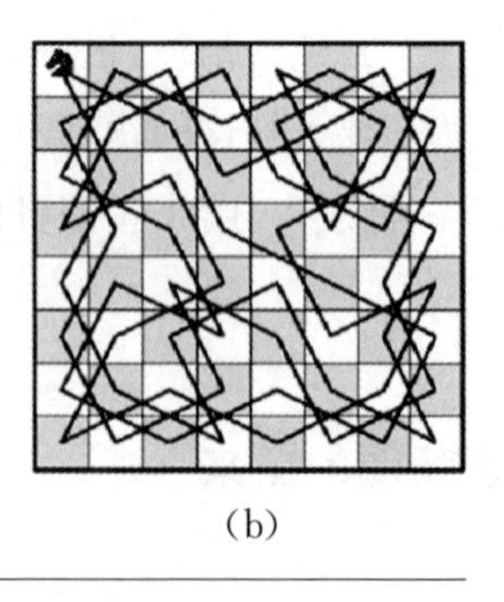

(b)

“棋盘骑士问题”的两个解法

我们现在把棋盘上的格子对应于一个平面上的一个小圆点，这样我们在平面上就有 64 个小圆点。从一个格子用骑士的走一步可以抵达不同数目的格子：如果是处在棋盘的 4 个角只能有 2 种跑法；在其他边缘的格子就有 3 种跑法；一般当中的格子就有 4 种可能的跑法。我们把平面上的点用弧线连接，两个点有一条弧线相连当且仅当我们可以在它们所对应的格子之间让骑士移动一步。我们得到了一个图。

欧拉纪念邮票

在图中取一个顶点 v_0，如果我们有一条弧线把它和另外一个点 v_1 连起来，我们就用(v_0, v_1)来表示这个弧线。假定我有一系列点 $v_0, v_1, v_2, \cdots, v_n$，其中没有两个相同，而有一序列的弧线存在：$(v_0, v_1), (v_1, v_2), \cdots, (v_{n-1}, v_n), (v_n, v_0)$，使得我从 v_0 出发可以经过 $v_1, v_2, \cdots, v_n$ 最后由 v_n 回到 v_0，我就说这些弧线组成一个回路，为了方便，我们用下面的记号表示这回路：$(v_0, v_1, v_2, \cdots, v_n, v_0)$。

如果我有一个图 G，有 $n+1$ 个顶点$\{v_0, v_1, \cdots, v_{n-1}, v_n\}$，而我能找到一个回路$(v_0, v_1, v_2, \cdots, v_n, v_0)$，那么我就说这个图是哈密顿图，这个回路称为哈密顿回路。

因此，棋盘的骑士问题实际上就是要判断它所对应的图是否哈密顿图的问题。

为什么叫哈密顿图？哈密顿是谁呢？

哈密顿是爱尔兰的一位数学家和天文学家。他的一生多姿多彩，我曾详细介绍他的工作和生平，读者可以找来一读。

自从哈密顿发现“四元数”之后，他又发现了另外一种他命

爱尔兰纪念哈密顿的邮票

名为“the icosian calculus”的代数系统，这系统有加和乘的运算子(operators)，可是乘法不满足交换律(即 $xy=yx$ 这个规律)。

他发现这代数系统是和正20面体有关系。他想到一个游戏，怎样跑遍正多面体上的所有顶点，而最后又能回到起点的问题。1857年，哈密顿在给他的朋友的一封信中，首先谈到关于12面体的一个数学游戏(如下图所示)：能不能在图中找到一条回路，使它含有这个图的顶点一次且仅一次？他把顶点看作是一座城市，连接两个顶点的边看成是交通线，于是它的问题是能不能找到旅行路线，沿着交通线经过每一个城市恰好一次，再回到原来的出发地？他把这个问题称为“周游世界问题”。

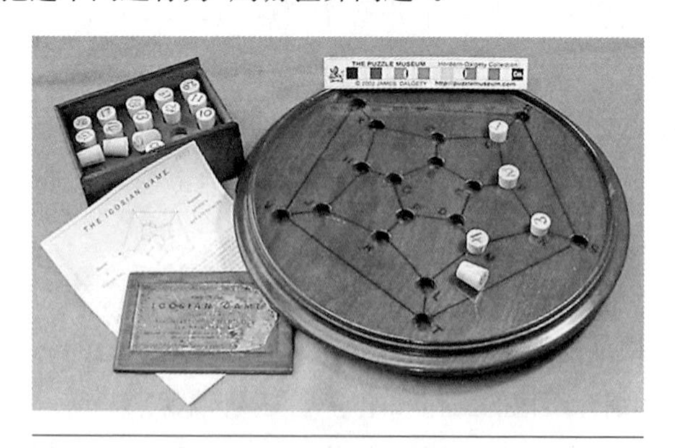

哈密顿“环游世界”游戏

在 1857 年他把这个游戏的想法以 25 英镑的价钱卖给一位玩具和游戏制造商。这 25 英镑在当时是一笔不小的数字。

这玩具商把游戏制造出来，叫“THE ICOSIAN GAME”（见下图），在圆盘上有 20 个代表城市的圆孔，你必须把 20 个上面标有 1，2，3，…，20 的木条顺序插进去，代表你顺次经过不同的城市，最后回到原出发点。这个游戏叫“环游世界”，很可惜玩具商人没有从这游戏上赚到钱。

以后人们因这游戏就称这类图为哈密顿图。

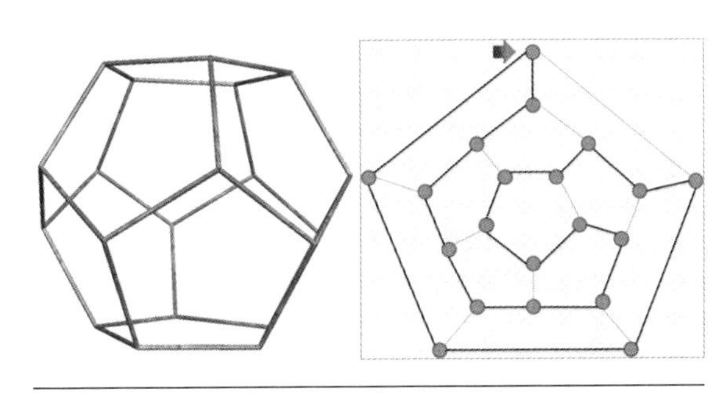

“环游世界”游戏

怎样的图是哈密顿图

给你一个图，你怎么知道它是否哈密顿图呢？当然如果图的顶点不多，你可以试试找哈密顿回路就可以判断。你用的是最古老的“尝试和错误”的方法，但是数学家并不满意这样的碰得焦头烂额后才找到真理的方法。确定一个图是否为哈密顿图是很困难的，目前还不存在有效的算法。是否存在一组必要和充分的条件，使得我们能简单轻易地判断一个图是否哈密顿图？许多聪明人去试过了，很可惜到现在这问题还未解决，因此读者可以试试自已来找寻一下。

英国数学家狄拉克(G. A. Dirac,著名物理学家狄拉克的继子)在1952年给出一个充分条件使得一个图会是哈密顿图。他的定理是只要检查每一个顶点 x,看它的上面有多少个弧通过,把这个数目用 $d(x)$ 来表示,只要每一个点的 $d(x)$ 是相当大的话,这图就会是哈密顿图。

狄拉克定理　给定一个图 G,如果其顶点集 V 的元素数是 $n \geqslant 3$,而且 $d(x) \geqslant \frac{1}{2}n$,那么 G 一定是哈密顿图。

我们可以看到以下的两个图 G_1,G_2 都是哈密顿图(见下图)。在 G_1 中,每个点 x 有 $d(x)=3$,明显 $3 \geqslant \frac{4}{2}$。在 G_2 中,每个点有 $d(x)=4 \geqslant \frac{6}{2}$。

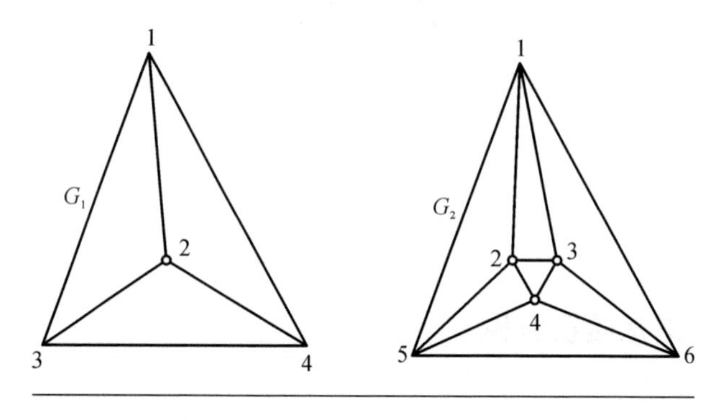

两个哈密顿图

到了1960年,美国著名的图论专家奥斯坦・奥尔(Oystein Ore, 1899—1968)推广狄拉克的工作,得到以下的结果。

奥尔定理　给定一个图 G,如果其顶点集 V 有 $n \geqslant 3$ 点,而对于任意两点 x,y 我们有 $d(x)+d(y) \geqslant n$,那么 G 一定是哈密顿图。

在1962年,匈牙利有一个少年发表了一篇只有一页长的论文,他的结果却是推广了以上奥尔的定理,他的工作是如此重要,引起许多人谈论,并且在图论的一些教科书上都有他的证明。以后几年来许多人想要改进这工作，最后才由一个捷克青年数学家得到比他更好的结果。

这个匈牙利少年名叫波萨(Posa)，我在本书的一篇文章就有介绍他的事迹，读者想要知道他的故事可以看看该文。

奥斯坦·奥尔

为了能更容易看清波萨的结果，我这里引进几个记号：对于每一个图 G，我们用 $d(G)$ 来表示序列 $(d(x_1), d(x_2), \cdots, d(x_n))$，这里 $x_1, \cdots, x_n$ 是 G 的所有顶点，而序列的数是从小到大排列。比方说在第 184 页图里我们有

$$d(G_1) = (3, 3, 3, 3)$$

$$d(G_2) = (4, 4, 4, 4, 4, 4)$$

假定我们有两个序列具有相同个数的数字：

$$X = (x_1, x_2, x_3, \cdots, x_n)$$

$$Y = (y_1, y_2, y_3, \cdots, y_n)$$

我们用 $X \leqslant Y$ 表示当且仅当对于每个 $i = 1, 2, \cdots, n$，我们都有 $x_i \leqslant y_i$。

比方说，$X = (1, 2, 3, 4, 5)$，$Y = (2, 3, 5, 7, 9)$，$Z = (4, 2, 1, 3, 5)$，我们就有 $X \leqslant Y$，而 $X \leqslant Z$ 是不对的。

现在对于每个 $n \geqslant 3$ 的整数，我们定义这样的整数序列 $P(n)$。

(1) 如果 n 是偶数，我们有 n 个数按下面由小到大的排法：

$$P(n) = \left(2, 3, 4, 5, \cdots, \frac{n}{2} - 2, \frac{n}{2} - 1, \frac{n}{2}, \frac{n}{2}, \cdots, \frac{n}{2}\right)$$

(2) 如果 n 是奇数，我们有 n 个数按下面的由小到大的排法：

$$P(n)=\left(2,3,4,5,\cdots,\frac{n-5}{2},\frac{n-3}{2},\frac{n-1}{2},\frac{n-1}{2},\right.$$
$$\left.\frac{n+1}{2},\frac{n+1}{2},\cdots,\frac{n+1}{2}\right)$$

根据定义我们有

$$P(3)=(1,2,2)$$

$$P(4)=(2,2,2,2)$$

$$P(5)=(2,2,3,3,3)$$

$$P(6)=(2,3,3,3,3,3)\text{ 以及}$$

$$P(7)=(2,3,3,4,4,4,4)$$

现在我们可以叙述波萨的重要发现：

波萨定理　如果一个有 $n\geqslant 3$ 个顶点的图，它的 $d(G)$ 满足不等式 $d(G)\geqslant P(n)$，那么 G 是哈密顿图。

让我们看以下的图(a)及(b)，读者很容易地看出

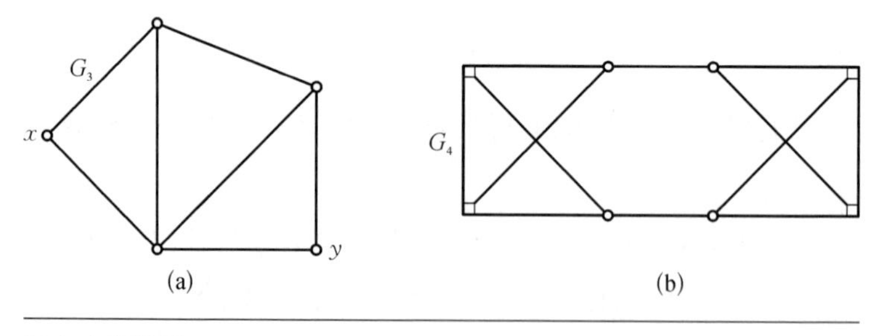

两个哈密顿图

$$d(G_3)=(2,2,3,3,4),$$
$$d(G_4)=(3,3,3,3,3,3,3,3)。$$

它们都是哈密顿图。G_3 不满足奥尔的条件，因为

$$d(x)+d(y)=2+2=4\text{ 小于 }5。$$

可是我们却看到

$$d(G_3)=(2,2,3,3,4)\geqslant(2,2,3,3,3)=P(5)$$

因此由波萨定理知道它是哈密顿图。由这个例子说明了波萨的结果是比奥尔的强。然而我们看到 G_4 并不满足波萨的不等式，但它是哈密顿图，因此人们尝试想找比波萨定理更好的不等式以判别更多的哈密顿图。

萨瓦达

到目前来说，比较好的工作是捷克数学家萨瓦达(V. Chvátal)在 1972 年发现的。

他的结果如下：

萨瓦达定理　如果图 G 的顶点数 $n>2$，而其 $d(G)=(a_1,a_2,\cdots,a_n)$ 满足下面的条件：

对于每个小于 $\frac{n}{2}$ 的正整数 i，两个不等式

$$a_i\geqslant i+1,\ a_{n-i}\geqslant n-i$$

至少有一个成立，那么 G 一定是哈密顿图。

对数学有兴趣的读者可以试证明波萨的结果是被包含在萨瓦达定理里的。我们的 G_4 显示它不满足萨瓦达的条件，因此我们相信会存在比萨瓦达的还要好的条件，这个问题就留给读者自己去寻找。

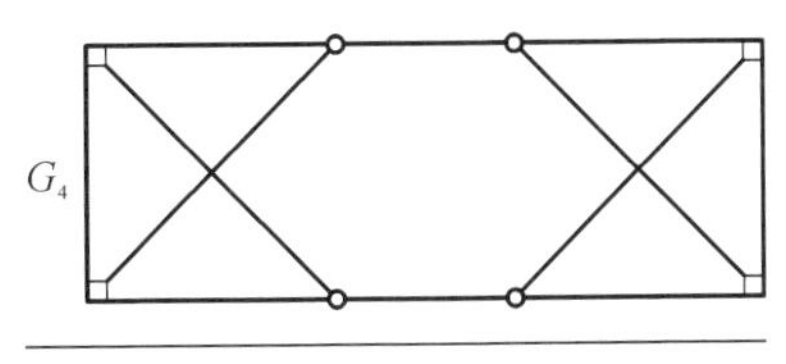

不满足萨瓦达定理的哈密顿图

哈密顿图基本的必要条件

给定一个图 $G=(V, E)$,对于任意非空真子集 $S\subseteq V(G)$,$G-S$ 为从 G 中去掉 S 中的顶点及与这些顶点关联的边后得到的图。给定集 S,我们记 $|S|$ 表达 S 中元素的个数。

定理　如果图 $G=(V, E)$ 是哈密顿图,则对 V 的任一非空子集 S,都有

$$P(G-S)\leqslant |S|$$

其中,$P(G-S)$ 表示图 $G-S$ 的连通分支数。

证明　设 $P(G-S)=k$, $G-S$ 有 $G_1, G_2, \cdots, G_k$ 个分图。设 C 是 G 的一个哈密顿回路。现在对 C 进行遍历,当遍历到 C 上 G_i 中最后一个顶点时,可以判定其后一个顶点 v 属于 S,否则 v 仍然属于 G_i,与 G_i 是 G 之分图矛盾。于是,这意味着 S 至少包含 k 个顶点,即 $k=P(G-S)\leqslant |S|$。

例 1　给定一个图 G,$S=\{a, b, c, d, e\}$,$G-S$ 有 6 个分图,$P(G-S)\leqslant |S|$ 不成立。于是,G 不是哈密顿图。

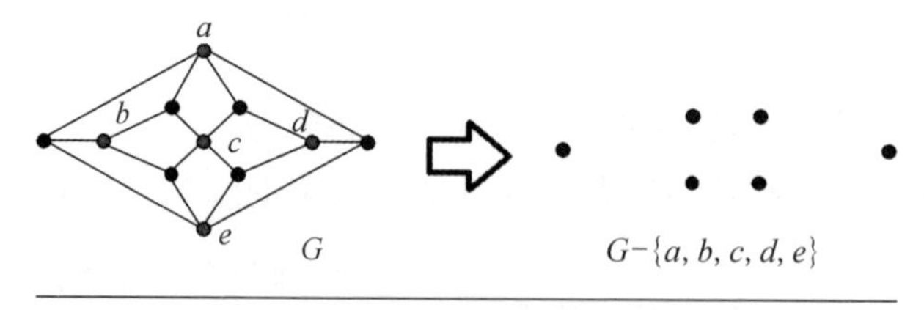

一个非哈密顿图

例 2　下图 G 不是哈密顿图,$S=\{a, b, c, d, e\}$,$G-S$ 有 7 个分图,$7=P(G-S)\leqslant |S|=5$ 不成立。

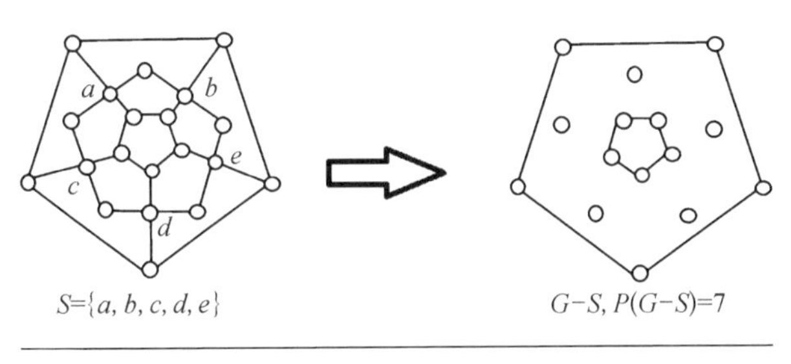

另一个非哈密顿图

例 3 下图 G 不是哈密顿图，$S=\{a, b, c\}$

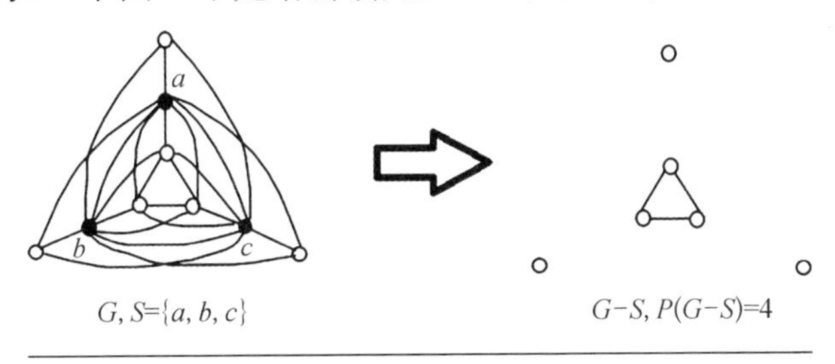

第三个非哈密顿图

$G-S$ 有 4 个连通分支，而 $|S|=3$，于是，G 不是哈密顿图。

例 4 对于下图 G，若取 $S=\{v_1, v_4\}$，则 $G-S$ 有 3 个连通分支，故该图不是哈密顿图。

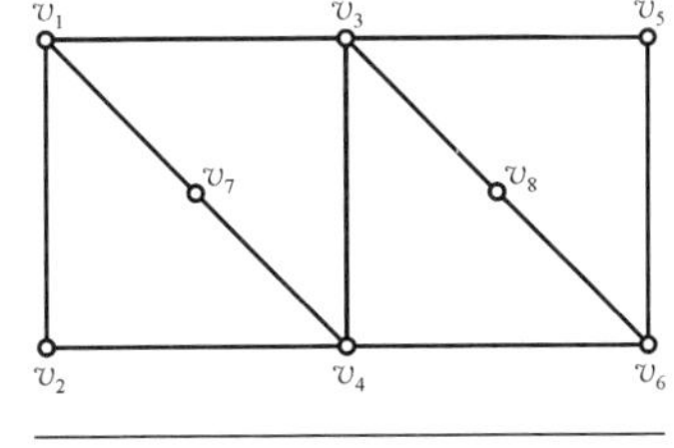

第四个非哈密顿图

注意：所谓彼得森(Petersen)图(第 198 页中)满足上述哈密顿图的必要条件，但不是哈密顿图。因此对 V 的任一非空子集 S，都有

$$P(G-S)\leqslant|S|$$

是哈密顿图的必要条件，而不是充分条件。

旅行货郎问题

如果我现在有一个图 G，而这图的每一条弧上都赋有一个数，

我要怎样才能找到这图的这样一条哈密顿回路，它具有所有弧上数之和是最小值的性质，这个问题就是数学上大名鼎鼎的难题：旅行货郎问题（Travelling Salesman Problem，又称为旅行商问题、货郎担问题、TSP 问题）。

这问题在 1932 年由德国著名数学家门格尔（K. Menger）提出，多年来是许多人废寝忘食研究的对象。

我们在日常生活中就会遇到这问题，比方说：

（1）你是学校校车的司机，你从学校开车出来，到不同的街道去接孩子，你要怎样安排，使走的路程最短，并可以接到所有的孩子送到学校去？

（2）春假到了，你想驾车在北美几个城市旅行，可是现在汽油是这么昂贵，你想要尽量省用油，而汽油的消耗和路程成正比，因此你想法子找一个回路具有最短的路程。

（3）你为了商业业务，需要乘飞机飞几个城市，不同的飞机公司提供不同的票价，你要怎样安排行程，使得你能走遍你要去的城市，最后又回到原出发地，且又能省钱？

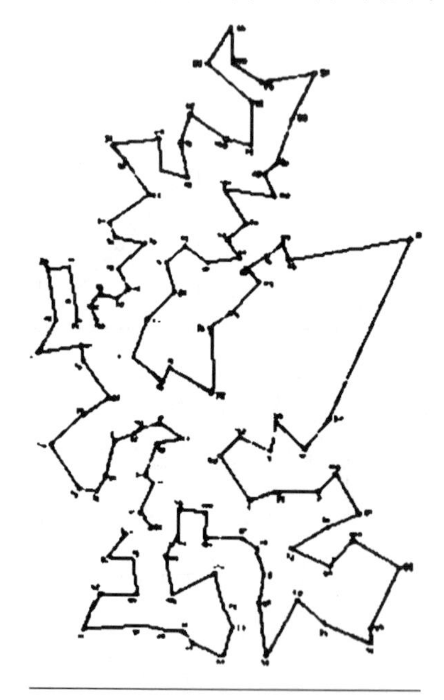

联邦德国 120 个城市最短路程的回路

旅行货郎问题是这么容易明白，可是一个行之有效并能迅速提供解答的方法，目前并不存在。1963 年，美国的《管理科学》（*Management Science*）一篇讨论旅行货郎问题的文章就说道："人类由于他的运算能力的限制在解决旅行货郎问题上并不好。"人们现在对于这问题的实际情形都是借助高速的电子计算机来运算。

我在以下会介绍一种直观而又容易明白的树的搜索法来寻找最优解，目前解旅行货郎问题有很多种方法，由于大部分要牵涉较深的数学知识，因此我不在这里介绍。我最后会通过例子说明为什么这个看来小学生都能明白的问题却是数学难题。

德国人很喜欢精确的数学，在 1978 年，波恩大学有一位数学家想知道要在联邦德国的 120 个有铁路穿过的城市安排一个最短路程的回路，应该怎么跑。他从铁路局找到了准确的城市间铁路的长度，整个问题变成一个有 7 140 个变量、120 个方程及 96 个不等式的线性规划问题，用电子计算机去算得到最短的回路是 6 942 公里。

树的搜索法

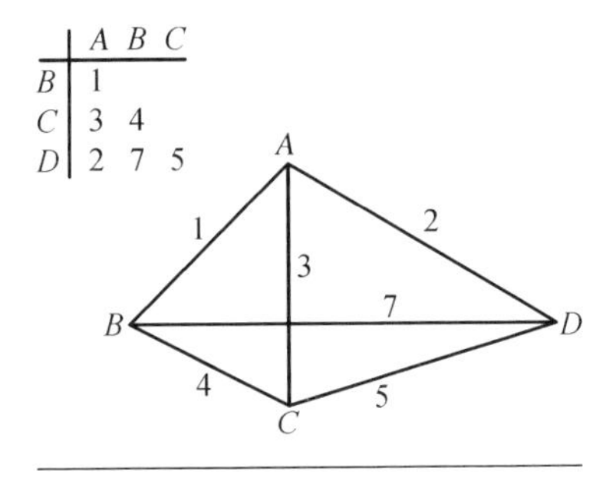

	A	B	C
B	1		
C	3	4	
D	2	7	5

4 个城市之间的路程

我这里举一个例子说明这个方法，假定现在有 4 个城市 A，B，C，D，它们之间的路程由右面的表给出。

我要找从 A 出发回到 A 的最短回路。

我从 A 出发，我写：$(A)0$。0 是表示最初没有出发路线，长是 0，然后我列下所有可能的下一个站：B，C，D，我得到 3 个节点：$(AB)1$，$(AC)3$，$(AD)2$。

这时我就把$(A)0$ 划掉，然后找具有最小数值的节点，这里是$(AB)1$。从 B 我可以走到的城市是 C 和 D，我就划掉$(AB)1$，用$(ABC)1+4$ 及$(ABD)1+7$ 来取代。为什么(ABC)旁的数字是 $1+4$ 呢？因为它是(AB)加上(BC)的长。见后图 c。

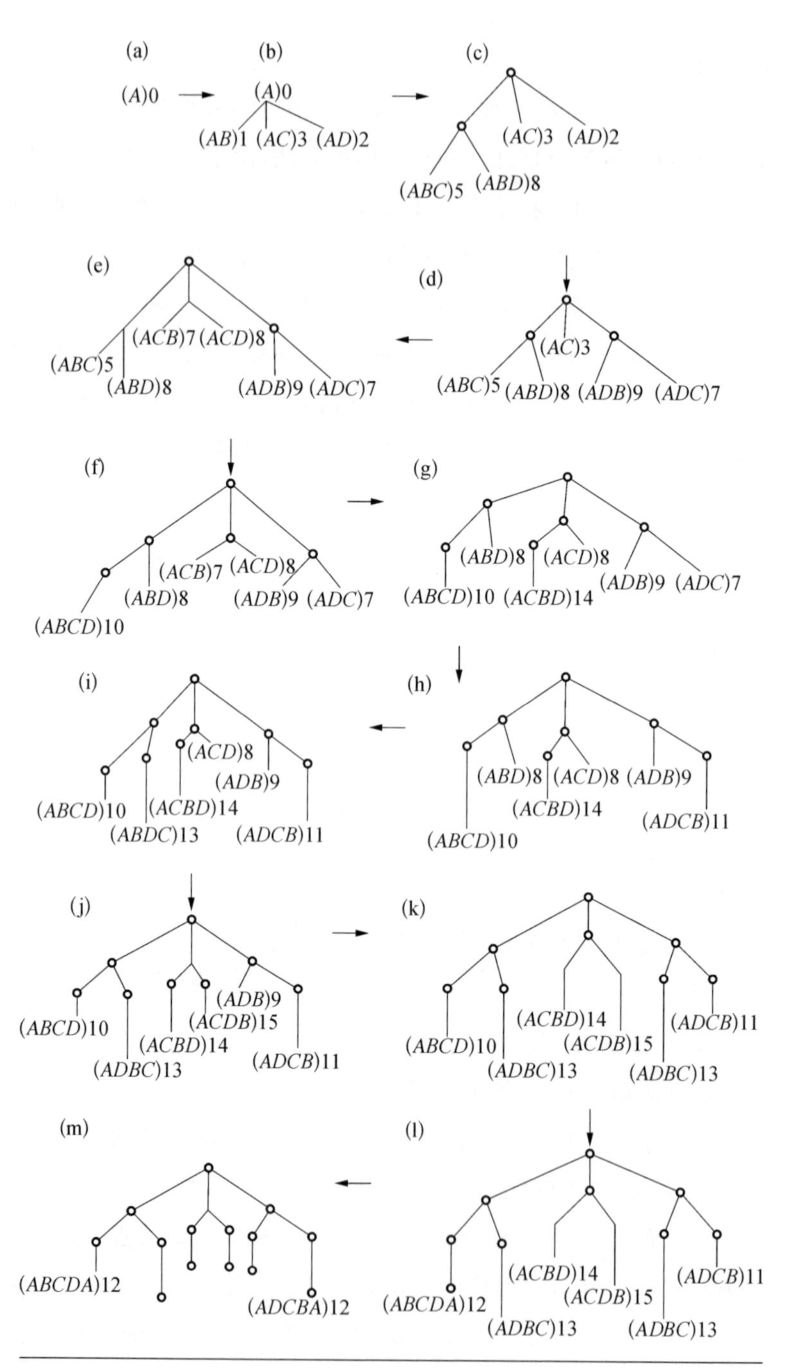
(a)
(A)0
(b)
(A)0
(AB)1 (AC)3 (AD)2
(c)
(AC)3 (AD)2
(ABC)5 (ABD)8
(e)
(ACB)7 (ACD)8
(ABC)5
(ABD)8
(ADB)9 (ADC)7
(d)
(AC)3
(ABC)5 (ABD)8 (ADB)9 (ADC)7
(f)
(ACB)7 (ACD)8
(ABD)8
(ADB)9 (ADC)7
(ABCD)10
(g)
(ABD)8 (ACD)8
(ABCD)10 (ACBD)14
(ADB)9 (ADC)7
(i)
(ACD)8
(ADB)9
(ABCD)10
(ACBD)14
(ABDC)13
(ADCB)11
(h)
(ABD)8 (ACD)8 (ADB)9
(ACBD)14
(ADCB)11
(ABCD)10
(j)
(ADB)9
(ACDB)15
(ABCD)10
(ACBD)14
(ADBC)13
(ADCB)11
(k)
(ACBD)14
(ADCB)11
(ACDB)15
(ABCD)10
(ADBC)13
(ADBC)13
(m)
(ABCDA)12
(ADCBA)12
(l)
(ACBD)14
(ADCB)11
(ACDB)15
(ABCDA)12
(ADBC)13
(ADBC)13

最短回路的搜索

我们把没划掉的节点中有最小长度的找出，这是$(AD)2$中D的下一个可能的城市是B和C，因此我们划掉$(AD)2$补上两个节点$(ADB)2+7$及$(ADC)2+5$。见图 d。

我们继续找具有最小长度的节点，这时看到是$(AC)3$。从C出发可以到达B或D，于是我们划掉$(AC)3$，补上$(ACB)3+4$，$(ACD)3+5$。见图 e。

我们再搜索有最小长度的节点，看到是$(ABC)5$，于是划掉它，补上$(ABCD)5+5$，得图 f。

我们再搜索没有被划的节点，看到有最小长度的是$(ACB)7$及$(ADC)7$，我就先划掉$(ACB)7$补上$(ACBD)7+7$，得图 g。

然后我再划掉$(ADC)7$补上$(ADCB)7+4$，得图 h。

这时候我看剩下没划掉的最小长度的节点是：$(ABD)8$及$(ACD)8$，我划掉了比方说$(ABD)8$，补上$(ABDC)8+5$。

我再寻找最小长度的节点得$(ACD)8$，划掉之后补上了$(ACDB)8+7$，得图 j。

现在变成$(ADB)9$是最小长度的节点，我们划掉，补上$(ADBC)9+4$，得图 k，我们划去图(k)的最小长度节点$(ABCD)10$，补上$(ABCDA)10+2$。我们已得到一个回路了，这时我们把图(l)中所有长度大过 12 的节点全划掉，因为这些节点所产生的回路肯定要大过 12，我们可以不考虑，我们只剩下$(ADCB)11$，划掉它之后补上$(ADCBA)11+1$，我们得图(m)。

谢天谢地，到此时我们再没有什么节点可以划了，我们得到两个回路$(ABCDA)$及$(ADCBA)$，它们的长都是 12。这种方法在数学上有一个名称叫 uniformcost search。为了说明整个搜索的程序，我画了许多像树枝分叉的图，实际上读者只需在一个图上划线及向下发展不必划这么多树。通常哈密顿回路找到之后，我们选取最小的长度，那就是我们所要的答案。

为什么数学家和计算机科学家对货郎问题发生兴趣

我们前面介绍的方法在城市数目比方说不超过10个还不显得可怕。含20个顶点的完全图中不同的哈密顿回路有约6 000万亿条,若机械地检查,每秒处理10万条,需2万年。如果现在有21个城市用以上的方法去搜索最短的回路,我们最少要找超过90万条以上的路线,这是多么巨大的数字呀!

现在请想一想,如果我们要处理的是500个城市,或者1 000个城市,或者就拿像中国这么大的国家,这么多的县城,要处理这问题,用目前最快速的电子计算机来协助,也会使电子计算机挂投降的白旗,宣称:“我的记忆不够处理这些问题产生出来的数值,对不起哥哥,我不能替你效劳。”

理查德·卡普

我前面介绍的树的搜索法是一个比较简单但并不是太好的方法,这50多年来,许多人想出一些方法想要改进,希望能找到一个较理想的方法,可以快速地找到结果。目前来说这样理想的方法还没有找到。美国加州大学伯克利分校计算机科学家理查德·卡普(Richard Karp, 1935—)在1972年发表一篇具有里程碑意义的论文,证明哈密顿回路问题是“NP-完全的”,这旅行货郎问题被证明是“NP-困难的”,这意味着它没有有效的算法。

什么样的方法算是理想的呢?我们这里给一个粗略的解释:

比方说我们要用电子计算机来帮我们工作，例如处理 n 个城市的旅行货郎问题，当我把 n 个城市的距离表输入计算机之后，它就会一步一步地去找。如果它要得到答案，所要花费的步骤数目是可以用 n 的函数 $f(n)$ 来表示。我们说这方法是“理想的”，当 $f(n)$ 是一个 n 的多项式时。

目前我们的方法都不是理想的。如果你真能找到一个理想的方法，你的成果会轰动全世界。你的方法可以转化用来解决许多数学的难题及电子计算机理论的一些著名难题。

旅行货郎问题是许多国家的运筹学研究中心的工作者深入研究的问题。在 20 世纪 50 年代 49 个城市的地图，旅行货郎问题被确定。在美国的华裔数学工作者在这方面有很好结果的有 Lin Shen 及 Hong Saman 等人。在 1977 年 Hong 先生和帕德伯格(Padberg)合作用计算机处理有 318 个城市的旅行货郎问题，这个问题化成线性规划问题就要处理有 50 403 个变量的方程式及不等式，如果不借助电子计算机的快速计算，我想就是请一位能笔算及心算很快的数学家，让他穷十年的时间也不能解决。以上的问题他们用 IBM370－168 式的电子计算机，只花 28.38 分钟就得到一个最优解。

威廉·库克

威廉·库克(William Cook)是佐治亚理工大学工业及系统工程学的教授。库克的团队在1993年解决了美国4 461个城市、1994年7 397个城市、1998年13 509个城市和2001年德国15 112个城市的旅行货郎问题。2004年4月,他们的纪录是解决了瑞典24 978个城市的旅行货郎问题。

库克1998年找到令人印象深刻的结果:旅行货郎的最短路径,经过了所有在美国的13 509个人口至少有500个的城市。

在20世纪80年代,2 392个城市的地图上和在2006年85 900个城市的地图上最短的往返航线被确定。一个为15 112个德国城镇所求的精确解,于2001年在TSPLIB中被发现。位于莱斯大学(Rice University)和普林斯顿大学的110处理器在网络上进行计算,使用丹齐格(Dantzig)、富尔克森(Fulkerson)、约翰逊(Johnson)于1954年提出的线性规划的切割方法。总的计算时间相当于在一台500 MHz的Alpha处理器的22.6年。2004年5月在瑞典的访问24 978城镇的旅行货郎问题解决了,旅程约72 500公里,发现和证明没有存在较短的哈密顿回路。2006年解决85 900城市最大的旅行货郎问题,“城市”的布局对应于创建

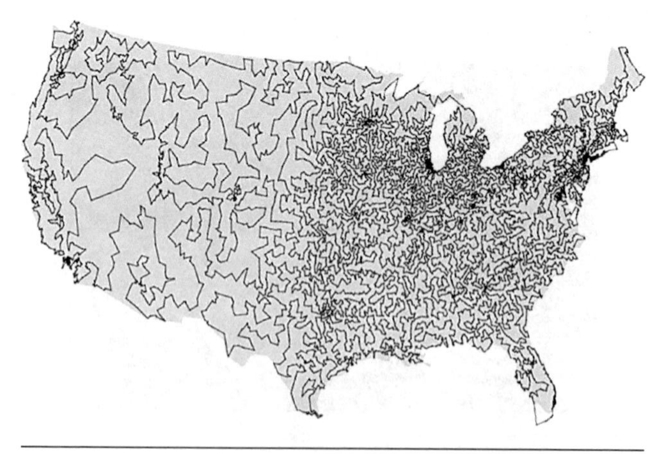

库克1998年解决旅行货郎问题令人印象深刻的结果

一个在贝尔实验室设计的计算机芯片。哈密顿图还是集成电路布图理论以及信息安全等的试金石。

卡普的论文发表后，许多计算机科学家把目光投向了建立一个有效的算法来找到旅行货郎问题近似解。1976 年，伦敦帝国学院的尼科斯·克里斯托菲迪斯(Nicos Christofides)教授开发一种算法，保证产生最多 50%比最短路线长的哈密顿回路。

“玩物丧志”，这是以前老一辈骂儿童或少年不读书、只喜欢游戏所爱用的一句话。其实游戏和玩具可以引导大发现。如果有青少年肯对哈密顿图及旅行货郎问题下点苦功研究，我会说他们是“玩物立志”，很可能以后会出一些在这些问题上做出大贡献的中国人。

2012 年普林斯顿大学出版社出版威廉·库克的书《在数学计算界限下追求旅行货郎问题》(*In Pursuit of the Traveling Salesman: Mathematics at the Limits of Computation*)。这本书很好地描述了旅行货郎问题的历史、人物、挑战、应用程序和技术，以及可让你继续有所发现的关于旅行货郎问题及相关问题的著名解决方案。此书已译成中文。我强烈推荐这本书。

威廉·库克的书

动脑筋

1. 寻找下面几个图的哈密顿回路：

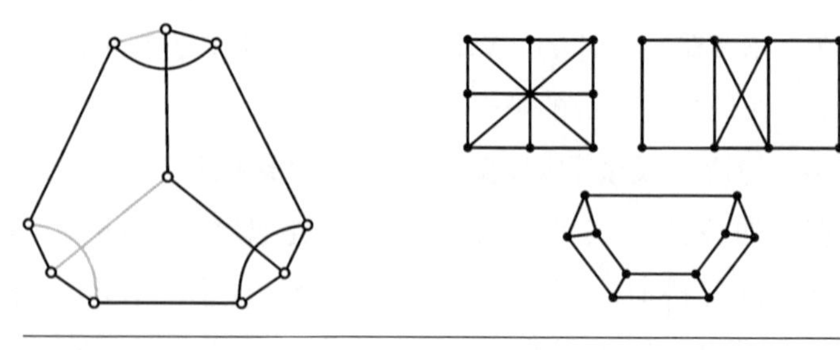

有哈密顿回路的几个图

2. 彼得森图满足前述哈密顿图的必要条件，但不是哈密顿图。

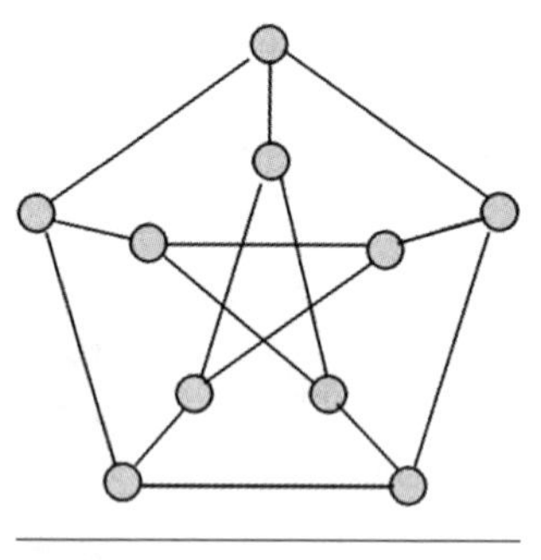

彼得森图

3. 在下面的 3×3 方格里，如果我在最左上角放一只马，然后让马依以下的数字顺序跑（用中国象棋的马跑日的跑法），最后会有一个格子不能跑到，但它能走回原来出发的位置。

1	6	3
4		8
7	2	5

试证明除了中间的格子不许放马外，任何其他格子放马跑出去最后它又能跑回原先出发的格子——我们要求跑过的格子不能再回去。

4. 对于 4×4 及 5×5 的方格表，你研究在什么样的方格放马可以无重复地跑遍全部的方格。研究在什么情况下有多过一组的解答。

5. 给出任何两个正整数 m、n，我们可以构造一个特别的图：

$$X = \{x_1, x_2, \cdots, x_m\}$$

$$Y = \{y_1, y_2, \cdots, y_n\}$$

任何在 X 里的 x 要和在 Y 里的每一个 y 用弧连结；而任何在 Y 里的 y 也要和每一个在 X 里的 x 相连，X 之间的点及 Y 之间的点不要连结。证明只有当 $m = n$ 时我们才能找到哈密顿回路。

6. 下面的图不可能存在哈密顿回路：

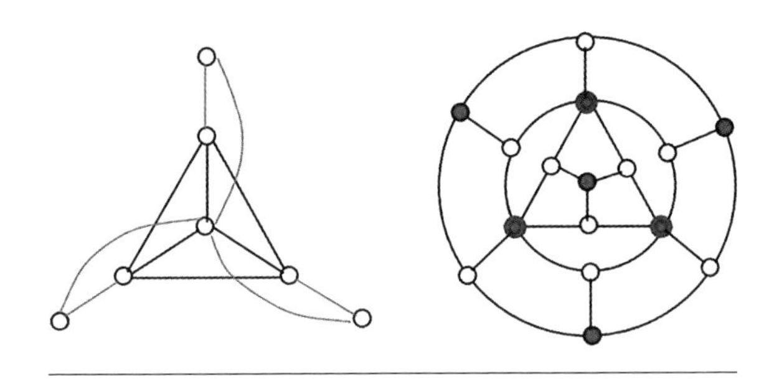

不存在哈密顿回路的图

7. 下面是 4 个城市的路程表(距离矩阵)，找最短哈密顿回路，最短距离为 23。

距离 V_i \ V_j	1	2	3	4
1	0	6	7	9
2	8	0	9	7
3	5	8	0	8
4	6	5	5	0

8. 下面是城市的路程表，我用电子计算机根据本文的方法去

找，只花 1.68 秒就找到最短的哈密顿回路，你试试看用多少时间才找到。

	A	B	C	D	E	F
B	41					
C	12	30				
D	27	40	19			
E	52	14	39	43		
F	62	25	53	65	31	

9. 证明：超立方体 Q_n 是哈密顿图。

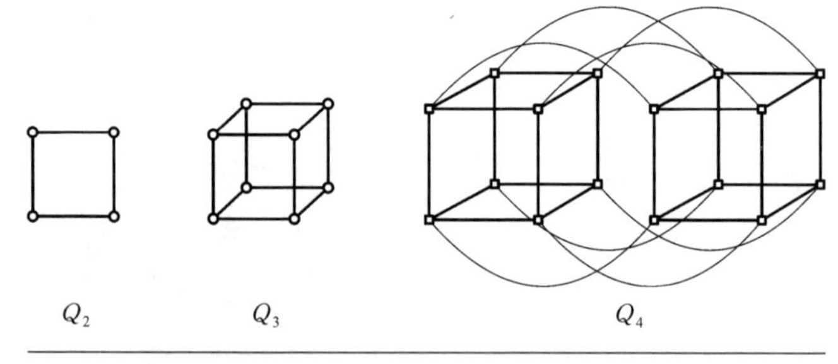

超立方体（正方形、立方体及推广）

参考文献

1. Broad C D. Bertrand Russell, as Philosopher. *Bulletin of the London Mathematical Society*, 1973: 5, 328-341.

2. Clark Ronald W. *The Life of Bertrand Russell*. New York: Alfred A. Knopf, 1976.

3. Gandy R O. Bertrand Russell, as Mathematician. *Bulletin of the London Mathematical Society*, 1973, 5: 342-348.

4. Moorehead C. *Bertrand Russell*. New York: Viking, 1992.

5. Tait K. *My Father Bertrand Russell*. New York: Harcourt Brace Jovanovich, 1975.

6. Riggins T. BERTRAND RUSSELL ON BOLSHEVISM, July 07, 2009. http://leninlives.blogspot.com/2009/07/bertrand-russell-on-bolshevism-1.html.

   http://v.youku.com/v_show/id_XMjkzMTA0Mzgw.html.

7. 罗素.为什么我不是基督徒.

   http://exchristian.hk/home/article/show/208

8. 朱学勤.让人为难的罗素.读书,1996: 1.

9. 视频：伯兰特·罗素 BBC 访谈（1959).

   http://v.youku.com/v_show/id_XMTUwNDUzOTUy.html

10. 视频：1959 年,伯特兰·罗素寄语未来.

11. Babai L, Pomerance C, Vértesi P. The Mathematics of Paul Erdös. *Notices of the American Mathematical Society*, 1998: 45,1.

12. Albers D J, Alexanderson G L, editors. *Mathematical People: Profiles and Interviews*. Boston: Birkhauser,1985.

13. Baker A, Bollobas B, Hajnal A, editors. *A Tribute to Paul Erdos*. Cambridge: Cambridge University Press,1991.

14. Bellman R. *Eye of the Hurricane*. Singapore: World Scientific,1984.

15. Graham R L, Nesetril J. *The Mathematics of Paul Erdos I*. Berlin: Springer-Verlag,1996.

16. Goldfeld D. THE ELEMENTARY PROOF OF THE PRIME NUMBER THEOREM: AN HISTORICAL PERSPECTIVE.
http: //www. math. columbia. edu/~goldfeld/ErdosSelberg Dispute. pdf

17. Hoffman P. *The Man Who Loves Only Numbers*. *Atlantic Monthly*, 1987: 260.

18. Hoffman P. *The Man Who Loved Only Numbers: The Story of Paul Erdös and the Search for Mathematical Truth*. New York: Hyperion,1998.

19. Honsberger R. *From Erdos to Kiev: Problems of Olympiad Caliber*. Washington D C: Mathematical Association of America,1996.
——. *Mathematical Gems III*. Washington D C: Mathematical Association of America,1985.
——. *Mathematical Morsels*. Washington D C: Mathematical Association of America,1978.

20. Aleksandar I. REMEMBERING PAUL ERDOS.
http: //users. encs. concordia. ca/~chvatal/691/ivic. pdf.

21. Kolata G. Paul Erdos, 83, a wayfarer at math's pinnacle, is dead. *New York Times*,Sept. 24,1996.

22. Henriksen M. Reminiscences of Paul Erdos.
http: //www. maa. org/reminiscences-of-paul-erdos

23. Lax P D. A Mathematician Who Lived for Mathematics. *Physics Today*,

1999：52.

24. Spencer J, Graham R. The Elementary Proof of the Prime Number Theorem.

http：//www.cs.nyu.edu/spencer/erdosselberg.pdf.

25. Vazsonyi A. Erdos P, the World's Most Beloved Mathematical Genius "Leaves".

http：//www.emis.de/classics/Erdos/textpdf/vazsonyi/genius.pdf.

26. Ulam M. *Adventure of Mathematician*. New York：Charles Scribner's Sons，1976.

27. Baas N A，Skau C F. The Lord of the numbers，Atle Selberg. On his life and mathematics. *Bull Amer Math Soc*，2008，45(4)：617－649.

28. Krantz S G. Mathematical Apocrypha：Stories and Anecdotes of Mathematicians and the Mathematical. *The Mathematical Association of America*，2002－7－15.

29. Mark K. 机运之谜——Mark Kac 自传，蔡聪明，译. 台湾：三民书局.

30. 蔡聪明. 数学家 Paul Erdos. 数学传播：1997，21(4).

31. Schechter B. *My Brain is Open: The Mathematical Journey of Paul Erdös*. Simon and Schuster，2000.（有中译本：谢克特. 我的大脑敞开了：天才数学家保罗·爱多士传奇. 王元，李文林，译. 上海：上海译文出版社，2005.）

32. 黄毅英. 从算术几何平均不等式看数学解题中的一题多解. //迈向大众数学的数学教育. 台湾：九章出版社. 93－118.

http：//w3.math.sinica.edu.tw/math_media/d184/18413.pdf.

33. Youtube：Paul Erdös PGOM.

http：//www.youtube.com/watch？v＝OJCQP1DTAOM.

34. DOCUMENTAL-PAUL ERDOS-N IS A NUMBER-THE MAN M.

http：//www.youtube.com/watch？v＝5iflQseSSfA.

35. Farmelo G. *The Strangest Man: the Life of Paul Dirac*. London：Faber and Faber，2009.

36. Gamow G. *Thirty Years That Shook Physics: The Story of Quantum*

Theory. Garden City, New York: Doubleday, 1985.

37. Heisenberg W. *Physics and Beyond: Encounters and Conversations*. New York: Harper & Row, 1971.
38. Kragh H. Dirac: A Scientific Biography. Cambridge: Cambridge University Press, 2005.
39. Mehra J. *The Golden Age of Theoretical Physics: P. A. M. Dirac's Scientific Works from* 1924 - 1933//Wigner E P, Salam A. Aspects of Quantum Theory. Cambridge: University Press, 1972: 17 - 59.
40. Schweber, Silvan S. *QED and the Men Who Made It: Dyson, Feynman, Schwinger, and Tomonaga*. Princeton: Princeton University Press, 1994.
41. Pais A, Jacob M, Olive D I, Atiyah M F. *Paul Dirac: The Man and His Work*. Cambridge: Cambridge University Press, 1998.

42. Youtube: Graham Farmelo on Paul Dirac and Mathematical Beauty. http: //www. youtube. com/watch? v=YfYon2WdR40.
43. Beckmann P. *A History of Pi*. New York: St Martins Press,1976.
44. Lehmer D H. On Arcotangent Relations for π. *American Mathematical Monthly*, 1938,45: 657 - 664.
45. 陈关荣. 从圆周率π谈起. 数学与人文,2012,6.
46. 洪万生. 三国π里袖乾坤——刘徽的数学贡献. 科学发展,2004,12(384).

47. Applegate D L, Bixby R E, Cook W J. *The Traveling Salesman Problem: A Computational Study. Princeton Series in Applied Mathematics*. Princeton: Princeton University Press, 2007.

48. Cook W J. *In Pursuit of the Traveling Salesman: Mathematics at the Limits of Computation*. Princeton: Princeton University Press, 2012.

49. Gutin G, Punnen A P. *The Traveling Salesman Problem and Its Variations*. New York: Springer, 2006.

50. Lawler E L, Lenstra J K, Kan A H G R, Shmoys D B. *The Traveling Salesman Problem: A Guided Tour of Combinatorial Optimization*. Hoboken: John Wiley & Sons, 1985.

51. Lin Shen, Kernighan B W. An Effective Heuristic Algorithm for the Traveling-Salesman Problem. *Operations Research* 1973, 21(2): 498 - 516. doi: 10.1287/opre.21.2.498.

52. Helsgaun K. An Effective Implementation of the Lin-Kernighan Traveling Salesman Heuristic. *European Journal of Operational Research*, 2000, 126(1): 106 - 130.

53. Klarriech E. Computer Scientists Find New Shortcuts for Infamous Traveling Salesman Problem. *Simons Science News*, 2013 - 1 - 30.